AutoCAD 2018 快速入门与工程制图

赵建国　邱　益　主　编

刘怀喜　田　辉　刘冬敏　马伟伟　副主编

电子工业出版社

Publishing House of Electronics Industry

北京·BEIJING

内 容 简 介

本书以 AutoCAD 2018 中文版为基础，结合工程图例介绍了 AutoCAD 2018 的主要功能和应用。

本书共 11 章，第 1 章介绍 AutoCAD 的基础知识；第 2、3 章介绍二维绘图和修改命令的功能及应用；第 4、5 章介绍自定义绘图环境和对象特性；第 6～8 章介绍创建文字、表格和引线，图案填充、块对象和尺寸标注；第 9 介绍绘制工程图；第 10 章介绍绘制轴测图；第 11 章介绍三维建模的基本操作，生成实体模型、曲面模型和网格模型的方法，编辑三维实体模型及从三维模型创建图形的方法。

本书的特点是将 AutoCAD 2018 的基本命令与应用相结合，通过实例让读者快速掌握基本命令的功能和操作方法，每个操作步骤都配有简单的文字说明和清晰的图例，力求让读者通过实例的具体操作，在较短的时间内快速掌握用 AutoCAD 2018 进行绘图的方法和技巧，达到事半功倍的目的。

本书可作为大学及高职院校学生和教师的教学用书，也可供广大设计人员自学或参考使用。

未经许可，不得以任何方式复制或抄袭本书之部分或全部内容。
版权所有，侵权必究。

图书在版编目（CIP）数据

AutoCAD 2018 快速入门与工程制图 / 赵建国，邱益主编. —北京：电子工业出版社，2019.1
ISBN 978-7-121-35767-1

Ⅰ. ①A… Ⅱ. ①赵… ②邱… Ⅲ. ①工程制图—AutoCAD 软件 Ⅳ. ①TB237

中国版本图书馆 CIP 数据核字（2018）第 273460 号

策划编辑：陈韦凯
责任编辑：陈韦凯　文字编辑：万子芬
印　　刷：北京七彩京通数码快印有限公司
装　　订：北京七彩京通数码快印有限公司
出版发行：电子工业出版社
　　　　　北京市海淀区万寿路 173 信箱　邮编　100036
开　　本：787×1 092　1/16　印张：15.75　字数：403 千字
版　　次：2019 年 1 月第 1 版
印　　次：2022 年 7 月第 6 次印刷
定　　价：59.00 元

凡所购买电子工业出版社图书有缺损问题，请向购买书店调换。若书店售缺，请与本社发行部联系，联系及邮购电话：（010）88254888，88258888。
质量投诉请发邮件至 zlts@phei.com.cn，盗版侵权举报请发邮件至 dbqq@phei.com.cn。
本书咨询联系方式：（010）88254441，chenwk@phei.com.cn。

前　言

本书是在作者的上一本图书《AutoCAD 快速入门与工程制图》的基础上编写而成的。用目前新的机械制图国家标准更新了原书中的图例，用软件新版本功能优化了部分实例的绘图步骤，使其更具有指导性、可读性。

AutoCAD 是美国 Autodesk 公司于 1982 年推出的专门用于计算机绘图和设计的软件，是现在广泛使用的 CAD 软件。该软件具有强大的二维绘图、三维造型及二次开发等功能，因其适用面广、易学易用，所以备受设计人员喜爱，已广泛应用于机械、建筑、电子、工艺美术及工程管理等领域，是我国高等院校目前教授的主要软件之一。

作者根据多年的教学实践和设计经验，结合工程图例编写了本书。本书以较新的 AutoCAD 2018 中文版为基础，介绍了 AutoCAD 2018 的主要功能和应用。书中绘图步骤是按工程制图方法和上机操作时 AutoCAD 2018 系统的提示编写的，并配有详细的插图及说明，对学习很有帮助。

考虑到不同读者使用的版本系统不统一，书中给出了常用命令的多种输入方法，操作示例尽量采用命令别名输入方式（这是熟练操作者最常用的命令输入方法），以适应不同读者的需要。这样既让使用低版本的读者能够按照书上的步骤操作，又能够了解新版本的功能。虽然 AutoCAD 经历了较长的发展，功能有很大的变化，但从 AutoCAD 2000 版本到 AutoCAD 2010 版本，在二维绘图的基本操作、主要功能方面几乎相同，而新版本的更多改进集中在提高网络协作、三维功能的增强等方面。从 AutoCAD 2011 版本后增加了参数化绘图，参数化绘图工具能够自动定义对象之间的恒定关系；AutoCAD 2012 版本新增了更多强有力的三维建模工具，提升曲面和概念设计功能；强化的设计和制图工具能协助使用者阅读并编辑各种文件格式、简化制图过程、提高设计精确度并缩短设计时间。用户可以在产品和 Autodesk 网站中找到从 AutoCAD 2011 到 AutoCAD 2018 所做的更改。

本书共 11 章，第 1 章主要介绍 AutoCAD 2018 的界面、命令、数据输入方法，动态输入和文件管理等；第 2、3 章介绍二维绘图和修改命令的功能及应用；第 4、5 章是自定义绘图环境和对象特性介绍及应用举例；第 6~8 章介绍创建文字、表格和引线，图案填充、块对象和尺寸标注；第 9 章介绍绘制工程图的一般步骤和应用实例；第 10 章介绍绘制轴测图的基本设置和应用实例；第 11 章介绍三维建模的基本操作，生成实体模型、曲面模型和网格模型的方法，编辑三维实体模型及从三维模型创建图形的方法。

本书每章后面都配有精选的习题，对于较难的习题，配有简要的提示和操作演示视频（读者可登录华信教育资源网 www.hxedu.com.cn，查找本书下载视频）。读者可通过书中实例操作掌握 AutoCAD 的基本精髓，再通过习题练习达到融会贯通。实例和习题涵盖工程图中的零件图、装配图，使读者学完之后基本能够达到用 AutoCAD 进行设计的目的。

本书适用于 AutoCAD 的初、中级用户，可作为大学及高职院校学生和教师的教学用书，也可供广大设计人员自学或参考使用。

需要说明的是，本书中没有特别标明的尺寸单位默认为 mm；书中加浅灰底色部分为系统运行时 AutoCAD 自动显示的内容，其中文字的大小写、正斜体表示的含义各不同，为了便于读者对照，基本没有进行改动。

本书由赵建国、邱益担任主编，刘怀喜、田辉、刘冬敏、马伟伟担任副主编。参与编写的有郑州大学邱益（第 1 章）、高琳（第 2 章）、闫耀辰（第 3 章）、李怀正（第 4 章）、刘怀喜（第 5 章）；河南农业大学田辉（第 6、7 章）；中州大学刘冬敏（第 8 章）；河南师范大学新联学院马伟伟（第 9 章）；新乡学院陈波（第 10 章）；郑州大学赵建国（第 11 章）。全书由赵建国负责统稿和定稿。操作演示视频由赵建国、马伟伟、师永林录制。

本书在编写过程中得到了以上院校领导和许多教师的大力支持和帮助，并得到了 Autodesk 公司提供软件的帮助，在此一并感谢。

由于本书的编写时间仓促和编者水平有限，书中错误与不妥之处在所难免，恳请读者批评指正。

编　者

目 录

第 1 章 AutoCAD 基础知识 ·················· 1
- 1.1 AutoCAD 简介 ·················· 1
- 1.2 启动 AutoCAD 2018 ·················· 1
- 1.3 AutoCAD 2018 界面介绍 ·················· 1
- 1.4 命令输入方法 ·················· 12
  - 1.4.1 键盘输入 ·················· 12
  - 1.4.2 单击命令名或图标按钮输入 ·················· 13
  - 1.4.3 取消与重复命令 ·················· 13
  - 1.4.4 放弃与重做命令 ·················· 14
  - 1.4.5 透明命令的使用 ·················· 14
  - 1.4.6 功能键 ·················· 15
  - 1.4.7 命令的别名 ·················· 15
  - 1.4.8 组合键 ·················· 16
- 1.5 数据输入方法 ·················· 16
  - 1.5.1 点的输入 ·················· 17
  - 1.5.2 距离的输入 ·················· 20
  - 1.5.3 位移量的输入 ·················· 20
  - 1.5.4 角度的输入 ·················· 20
- 1.6 动态输入 ·················· 21
- 1.7 使用 AutoCAD 的工具提示和帮助 ·················· 23
  - 1.7.1 工具提示 ·················· 23
  - 1.7.2 获取 AutoCAD 帮助的方法 ·················· 23
- 1.8 文 件 管 理 ·················· 25
  - 1.8.1 新建文件 ·················· 25
  - 1.8.2 保存图形文件（Save 命令）·················· 26
  - 1.8.3 打开图形文件（Open 命令）·················· 27
  - 1.8.4 图形显示控制 ·················· 29
  - 1.8.5 退出 AutoCAD ·················· 33
- 习题 ·················· 33

第 2 章 二维绘图命令 ·················· 35
- 2.1 Line 画直线命令 ·················· 35
- 2.2 Pline 画二维多段线命令 ·················· 37
- 2.3 Circle 画圆命令 ·················· 39
- 2.4 Arc 画圆弧命令 ·················· 41
- 2.5 Rectang 画矩形命令 ·················· 42
- 2.6 Polygon 画正多边形命令 ·················· 44
- 2.7 Ellipse 画椭圆和椭圆弧命令 ·················· 45
- 2.8 Spline 画样条曲线命令 ·················· 46
- 2.9 Xline 画构造线命令 ·················· 48
- 2.10 Ray 画射线命令 ·················· 49
- 2.11 Point 画点命令 ·················· 50
- 2.12 Divide 定数等分命令 ·················· 52
- 2.13 Measure 定距等分命令 ·················· 52
- 2.14 Revcloud 修订云线命令 ·················· 54
- 2.15 Region 面域命令 ·················· 55
- 2.16 Donut 圆环命令 ·················· 57
- 2.17 Wipeout 区域覆盖命令 ·················· 58
- 习题 ·················· 59

第 3 章 二维绘图修改 ·················· 60
- 3.1 选择对象的方式 ·················· 60
  - 3.1.1 选择对象的选项 ·················· 60
  - 3.1.2 选择对象的方法 ·················· 62
  - 3.1.3 选择对象的相关命令 ·················· 63
- 3.2 修改对象的方法 ·················· 63
  - 3.2.1 使用夹点修改对象 ·················· 64
  - 3.2.2 双击修改对象 ·················· 68
- 3.3 常用图形修改命令 ·················· 69
  - 3.3.1 Move 移动命令 ·················· 69
  - 3.3.2 Rotate 旋转命令 ·················· 69

3.3.3　Copy 复制命令 …………… 70
3.3.4　Mirror 镜像命令 …………… 71
3.3.5　Stretch 拉伸命令 …………… 72
3.3.6　Scale 缩放命令 ……………… 72
3.3.7　Trim 修剪命令 ……………… 73
3.3.8　Extend 延伸命令 …………… 74
3.3.9　Fillet 圆角命令 ……………… 75
3.3.10　Chamfer 倒角命令 ………… 75
3.3.11　Blend 光顺曲线命令 ……… 76
3.3.12　Array 阵列命令 …………… 77
3.3.13　Offset 偏移命令 …………… 82
3.3.14　Break 打断命令 …………… 83
3.3.15　Join 合并命令 ……………… 84
3.3.16　Lengthen 拉长命令 ………… 85
3.3.17　Overkill 删除重复
　　　　对象命令 ………………… 86
3.3.18　Align 对齐命令 …………… 87
习题 ……………………………………… 87

第 4 章　自定义绘图环境 …………………… 89

4.1　自定义选项简介 ……………………… 89
4.2　使用样板创建图形 …………………… 90
4.3　设置绘图界面 ………………………… 91
　　4.3.1　自定义绘图区域背景 ……… 91
　　4.3.2　保存和恢复界面设置
　　　　　（配置）…………………… 93
　　4.3.3　自定义启动 ………………… 93
　　4.3.4　恢复 AutoCAD 系统的
　　　　　默认设置 …………………… 93
4.4　精确作图工具 ………………………… 95
　　4.4.1　Snap 捕捉命令 …………… 95
　　4.4.2　Grid 栅格命令 ……………… 96
　　4.4.3　对象捕捉
　　　　　（Object Snap）…………… 97
　　4.4.4　自动追踪 …………………… 100
　　4.4.5　使用用户坐标系
　　　　　（UCS）…………………… 102
　　4.4.6　举例 ………………………… 105
4.5　参数化绘图（约束对象）…………… 108

　　4.5.1　几何约束 …………………… 109
　　4.5.2　标注约束 …………………… 111
习题 ……………………………………… 114

第 5 章　对象特性 …………………………… 115

5.1　图层及其颜色和线型 ………………… 115
　　5.1.1　图层的基本概念 …………… 115
　　5.1.2　图层的性质 ………………… 116
　　5.1.3　图层管理及设置 …………… 116
5.2　"图层"和对象"特性"
　　　面板 …………………………………… 119
5.3　对象特性窗口和特性
　　　匹配 Matchprop 命令 ………………… 122
　　5.3.1　对象特性窗口 ……………… 122
　　5.3.2　特性匹配 Matchprop
　　　　　命令 ………………………… 123
　　5.3.3　举例 ………………………… 124
习题 ……………………………………… 127

第 6 章　文字命令、创建表格和引线 …… 129

6.1　AutoCAD 的文字命令 ……………… 129
　　6.1.1　DText 和 Text 文字
　　　　　命令 ………………………… 129
　　6.1.2　Style 文字样式命令 ……… 130
　　6.1.3　MText 多行文字命令 …… 131
　　6.1.4　创建堆叠文字
　　　　　（分数和公差）…………… 131
6.2　创建表格 ……………………………… 132
6.3　创建引线 ……………………………… 134
习题 ……………………………………… 136

第 7 章　图案填充和块对象 ………………… 138

7.1　AutoCAD 的图案填充 ……………… 138
　　7.1.1　创建图案填充 ……………… 138
　　7.1.2　创建渐变填充 ……………… 139
　　7.1.3　"图案填充和渐变色"
　　　　　对话框 ……………………… 140
　　7.1.4　编辑图案填充 ……………… 141
7.2　AutoCAD 的块对象 ………………… 141
　　7.2.1　块的定义及引用 …………… 142
　　7.2.2　块属性 ……………………… 144

习题 ································· 145

第 8 章 标注 ································· 147
  8.1 DIM 标注命令 ···················· 148
  8.2 设置 AutoCAD 标注样式 ······ 151
  8.3 创建新标注样式 ···················· 155
  8.4 标注举例 ···························· 156
  8.5 修改标注 ···························· 162
  习题 ································· 164

第 9 章 绘制工程图 ···················· 165
  9.1 绘制工程图的一般步骤 ······ 165
  9.2 绘制机械图举例 ···················· 165
  9.3 绘制土建类图形举例 ··········· 181
  9.4 打印图形 ···························· 187
  习题 ································· 188

第 10 章 绘制轴测图 ···················· 192
  10.1 基本设置 ···························· 192
  10.2 应用举例 ···························· 193
  习题 ································· 197

第 11 章 创建三维模型 ················· 198
  11.1 实体模型 ···························· 198
    11.1.1 基本操作 ···················· 198
    11.1.2 视图控制 ···················· 201
    11.1.3 创建拉伸对象 ············ 204
    11.1.4 创建旋转对象 ············ 204
    11.1.5 创建扫掠对象 ············ 205
    11.1.6 创建放样对象 ············ 206
  11.2 三维操作 ···························· 207
    11.2.1 对齐（Align）············ 207
    11.2.2 三维镜像（Mirror3d） 209
    11.2.3 加厚（Thicken）········ 209
    11.2.4 剖切（Slice）············ 210
  11.3 编辑三维实体模型 ············ 211
    11.3.1 布尔运算 ···················· 211
    11.3.2 应用举例 ···················· 212
    11.3.3 编辑实体 ···················· 216
  11.4 从三维模型创建图形 ······ 220
    11.4.1 从三维模型创建
           关联图形 ···················· 220
    11.4.2 用非 Autodesk 三维
           模型创建工程图 ········ 222
    11.4.3 创建三维模型的
           展平视图 ···················· 224
    11.4.4 创建横截面 ············ 224
  11.5 创建曲面模型 ···················· 228
    11.5.1 曲面创建方法 ············ 229
    11.5.2 曲面创建举例 ············ 229
  11.6 创建网格模型 ···················· 232
    11.6.1 网格模型创建方法 ······ 233
    11.6.2 网格模型创建举例 ······ 233
  习题 ································· 236

附录 综合练习题 ···················· 240

第1章　AutoCAD 基础知识

1.1　AutoCAD 简介

AutoCAD 是美国 Autodesk 公司于 1982 年首次推出的专门用于计算机绘图和设计的软件。它的版本从 1.0、2.0、3.0……一直发展到 AutoCAD 2018，其功能越来越完善，用户界面变得更加友好，操作更加方便快捷。AutoCAD 具有很强的二维、三维作图编辑功能，广泛应用于建筑、机械、电子、工艺美术及工程管理等领域，是目前国内外在计算机辅助设计（Computer Aided Design，CAD）方面应用最广的软件。AutoCAD 及其图形格式 DXF、DWG 和 DWF 已成为一种事实上的国际工业标准。

AutoCAD 还具有开放的体系结构，它允许用户在几乎所有方面进行扩充和修改，能最大限度地满足用户的特殊要求。用户可以使用 .NET Framework 支持的任意语言（包括 VB.NET 和 C#）来编写应用程序；托管类可执行数据库功能，使用户能够编写读取和写入图形格式 (DWG) 文件的应用程序；还可以使用户访问用户界面元素（包括命令提示和功能对话框、图形编辑器以及发布和打印部件）。AutoLISP 为在 AutoCAD 上进行二次开发提供了更加强有力的编程手段，从而给辅助设计和绘图带来了更大方便。

本书以 AutoCAD 2018（中文版）为基础，介绍 AutoCAD 的相关知识和操作。

1.2　启动 AutoCAD 2018

在安装了 AutoCAD 2018 的计算机中，开机后可在系统桌面上看到 AutoCAD 2018 的快捷图标，如图 1-1 所示。双击（快速按两下鼠标左键）快捷图标，或通过单击（快速按一下鼠标左键）系统桌面左下角的"开始"→"所有程序"→"Autodesk"→"AutoCAD 2018-简体中文（Simplified Chinese）"→"AutoCAD 2018"，启动 AutoCAD 2018。

图 1-1　AutoCAD 快捷图标

1.3　AutoCAD 2018 界面介绍

启动 AutoCAD 2018 后，系统默认进入"开始"界面。"开始"界面有两个页面，默认是"创建"页面，如图 1-2 所示。在"创建"页面中有"快速入门"、"最近打开的文档"、"连接"几个区。其中"快速入门"下含有"开始绘制"、"打开文件"、"打开图集"、"联机获取更多样板"、"了解样例图形"选项。若单击页面下面的"了解"或中间左侧的" ",系统进入"了解"页面,如图1-3所示。"了解"页面提供了对学习资源(例如,视频、提示和其他可用的相关联机内容或服务)的访问。每当有新内容更新时,在页面的底部会显示通知标记,看看这些对新老用户均有帮助。但是,如果没有可用的Internet连接,则不会显示"了解"页面。

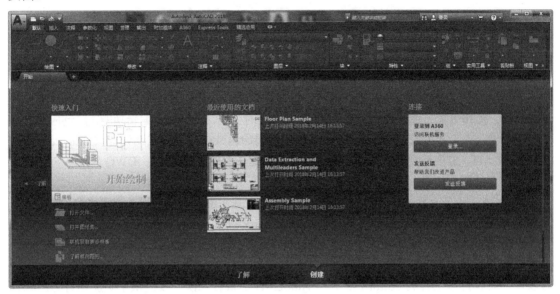

图1-2 AutoCAD 2018"开始"选项卡"创建"页面

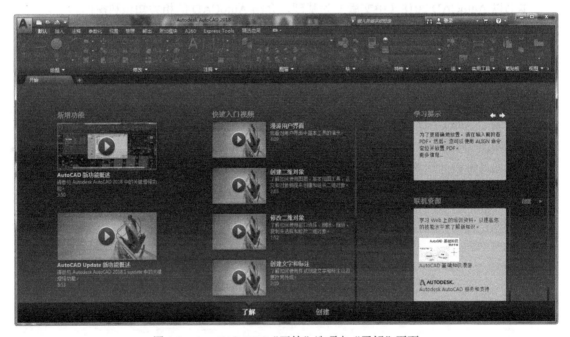

图1-3 AutoCAD 2018"开始"选项卡"了解"页面

在"创建"页面中,单击"开始绘制"选项,系统进入绘图界面,如图1-4所示。其界面主要由应用程序按钮、快速访问工具栏、标题栏、功能区选项卡、绘图区、命令行窗口和状态栏等组成。具体显示与用户选择的工作空间及设置有关。

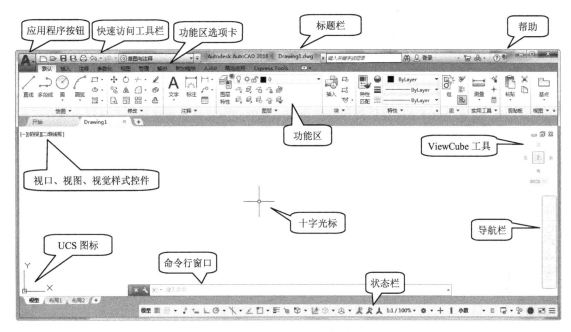

图1-4　AutoCAD 2018绘图界面

1. 工作空间

工作空间是一组菜单、工具栏、选项板和功能区面板的集合,可对其进行编组和组织来创建基于任务的绘图环境。AutoCAD 2018提供了以下几种工作空间:

(1) 草图与注释:显示二维绘图特有的工具,如图1-4所示。
(2) 三维基础:显示特定于三维建模的基础工具。
(3) 三维建模:显示三维建模特有的工具。
用户可以创建、修改、移植、保存自己的工作空间。

2. 切换工作空间的方法

快速切换工作空间的方法有两种:

(1) 在快速访问工具栏上,单击工作空间名称"草图与注释",弹出下拉列表,如图1-5所示,从中选择工作空间名称,即可切换操作界面。

(2) 单击状态栏右侧的"工作空间切换" 按钮,会弹出快捷菜单,如图1-6所示,当前工作空间的名称左侧显示符号"√",然后选择其他的工作空间名称即可切换操作界面。

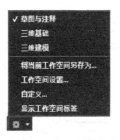

图 1-5　工作空间下拉列表　　　　　图 1-6　"工作空间切换"快捷菜单

低版本的经典工作空间不再随附于 AutoCAD 中。若要了解创建"AutoCAD 经典"工作空间的方法，可在 AutoCAD 提供的帮助中查找，其中介绍了显示菜单栏、工具栏及保存工作空间的步骤。图 1-7 显示了在 AutoCAD2018 中创建的经典工作空间。

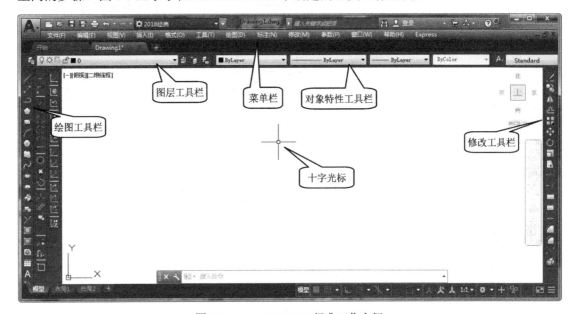

图 1-7　AutoCAD 2018 经典工作空间

3．标题行

标题行是系统界面的第一行，由应用程序按钮、快速访问工具栏、当前工作空间名（默认状态不显示）、版本信息、当前图形名、信息搜索、登录 Autodesk Online 服务、可用的产品更新信息按钮、访问帮助按钮及窗口的最小化、最大化和关闭按钮等组成，如图 1-8 所示。

图 1-8　标题行

应用程序按钮：其图标位于标题行最左端，单击 按钮，会弹出应用程序菜单，如图 1-9 所示。用它可进行搜索命令、新建文件、保存文件、打开文件、输出文件、发布文件等操作。

搜索命令：在搜索框中输入搜索文字段，即可显示搜索到的可执行命令列表，如图 1-10 所示。

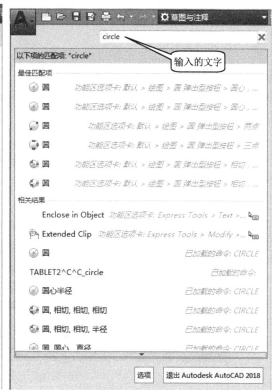

图 1-9 应用程序按钮下拉菜单　　　　图 1-10 在搜索框输入 circle 命令的搜索结果

快速访问工具栏：位于应用程序窗口顶部（功能区上方或下方），可提供对定义的命令集自定义的直接访问。默认的工具有"新建"、"打开"、"保存"、"另存为"、"打印"、"放弃"、"重做"等。

用户可以自定义快速访问工具栏，步骤如下：

（1）单击"自定义快速访问工具栏"右端的 按钮，弹出如图 1-11 所示的命令列表。名称前有√的为已显示，没有√的为隐藏。

（2）选择要显示或隐藏的工具名称。

菜单栏：在自定义快速访问工具栏列表下方，有"显示菜单栏"选项，选择它即可显示传统样式的菜单栏。单击任意一个菜单命令，都会弹出相应的下拉式菜单列表，单击列表中的任意命令，即可执行该命令的操作。

在下拉式菜单列表中，凡是选项后标有省略号"…"的选项被选择后，将会在屏幕中间弹出一个相应的对话框；单击选项后标有▶的菜单项则将调用一组子菜单项，如图 1-12 所示。

图 1-11　自定义快速访问工具栏命令列表

图 1-12　"绘图">"圆(C)"子菜单项

版本信息：显示当前打开的 AutoCAD 的版本信息。

当前图形名：显示当前视口开启的图形名称。系统默认新建的第一个图形文件名是"Drawing1.dwg"。

信息中心：提供了一种便捷的方法，可以在"帮助"系统中搜索主题、登录到 Autodesk A360 等。Autodesk A360 是一组安全的联机服务器，用来存储、检索、组织和共享图形和其他文档。其功能和优点是创建 Autodesk 账户后，可以访问由 A360 提供的功能。如共享设计步骤、共享设计视图,在 AutoCAD A360 中联机编辑、联机渲染等。在搜索栏中(如图 1-13 所示)输入要搜索的关键字后按回车键(或单击"搜索" 按钮),在帮助系统中显示搜索的结果。

图 1-13 信息中心

帮助:单击 按钮,可打开 AutoCAD 帮助系统。

4. 功能区

功能区是显示基于任务的工具和控件的选项板。功能区包含功能区面板、功能区选项卡和功能区上下文选项卡状态。可以将它放置在以下位置:水平固定在绘图区域的顶部(默认),垂直固定在绘图区域的左边或右边,在绘图区域中或第二个监视器中浮动。

在默认状态下,功能区显示在标题行下部,开启的是"默认"选项卡面板,如图 1-14 所示。

图 1-14 "默认"选项卡面板

1)功能区选项卡和面板

功能区由许多面板组成,这些面板被组织到按任务进行标记的选项卡中。功能区面板包含的很多工具和控件与工具栏和对话框中的相同。

有些功能区面板会显示与该面板相关的对话框。对话框启动器由面板右下角的 箭头图标表示,如图 1-15 所示。单击"对话框启动器"图标可以显示相关的对话框。

图 1-15 对话框启动器

在功能区上单击鼠标右键,在弹出的快捷菜单中单击要显示的功能区选项卡和面板,或选择要清除的选项卡或面板的名称。

2)浮动面板

如果用户从功能区选项卡中拖出了面板,然后将其放入绘图区域或另一个监控器中,则该面板将在放置的位置浮动。浮动面板将一直处于打开状态,直到被放回功能区(即使在切换了功能区选项卡的情况下也是如此)。"绘图"浮动面板如图 1-16 所示。

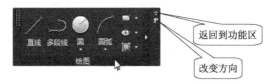

图 1-16 "绘图"浮动面板

3）滑出式面板

面板标题中间的箭头▼表示可以展开该面板以显示其他工具和控件。在已打开面板的标题栏上单击即可显示滑出式面板。若要使面板处于展开状态，单击滑出式面板左下角的"图钉"图标，如图 1-17 所示。

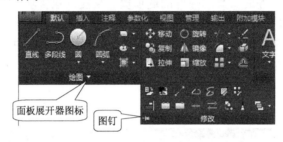

图 1-17 滑出式面板

4）上下文功能区选项卡

在选择特定类型的对象或执行某些命令时，将显示专用功能区上下文选项卡，而非工具栏或对话框。结束命令后，会关闭上下文选项卡。图 1-18 所示为执行图案填充命令时的上下文功能区选项卡。

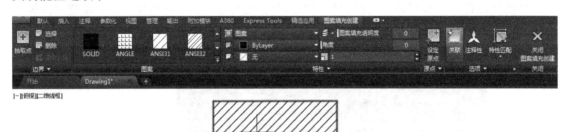

图 1-18 执行图案填充命令时的上下文功能区选项卡

5）单选按钮

根据垂直或水平功能区上的可用空间，多个单选按钮可以收拢为单个按钮。单选按钮可用作切换按钮，即允许用户循环显示列表中的所有项目，也可用作组合下拉按钮（即单选按钮的上半部分是切换按钮，下半部分是一个箭头图标），单击该箭头图标将以下拉方式显示列表中的所有项目，如图 1-19 所示。

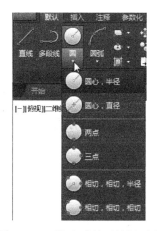

图 1-19 下拉方式显示按钮列表

用户可以创建和修改功能区面板并使用功能区选项卡将功能区面板组织到基于任务的工具组中,以此自定义功能区。功能区选项卡可以通过工作空间显示在功能区上,也可以在需要时根据上下文选项卡状态进行显示。自定义方法可参见 AutoCAD 提供的帮助文档。

5. 快捷菜单

在图形窗口、文本窗口、命令窗口、工具栏区域或功能区中单击鼠标右键时,在光标位置或该位置附近将显示快捷菜单(又称关联菜单),如图 1-20 所示。

(a) 图形窗口

(b) 命令窗口

(c) 功能区

图 1-20 快捷菜单

6. 工具栏

工具栏由一些图标排列而成,每个图标代表一个相应命令,单击图标与通过键盘输入相应命令的效果是一样的。系统提供的三个工作空间中,工具栏是隐藏的。显示方法:在"自定义快捷访问工具栏中"开启"显示菜单栏",再依次单击"工具"→"工具栏"→"AutoCAD",选择想要显示的工具栏。

在工具栏上方单击鼠标右键，可以开启控制工具栏的快捷菜单，用于快速开启或关闭某一工具栏的显示。用户可以定制、新建、删除工具栏。拖动工具栏头部（双杠部分），可以将工具栏拖放到所需位置。

7．绘图区域

屏幕的中间区域是用作绘图的区域。默认背景色为黑色，背景色可以重新设置。设置方法：在绘图区右击（按鼠标右键），在弹出的菜单中选取"选项"，打开"选项"对话框，在其"显示"选项卡中单击"颜色"按钮来设置。

8．绘图区域中的光标

光标由定点设备（如鼠标）控制。在绘图区域光标有四种形式，如图 1-21 所示。系统会根据用户的操作更改光标的外观。

图 1-21　绘图区光标

（1）如果未在命令操作中，光标显示为一个十字光标和拾取框光标的组合。
（2）如果系统提示用户指定点位置，光标显示为十字光标。
（3）当提示用户选择对象时，光标将更改为一个称为拾取框的小方形。
（4）如果系统提示用户输入文字，光标显示为竖线。

9．视口控件、视图控件、视觉样式控件

视口控件显示在每个视口的左上角（如图 1-22 所示），提供更改视图、视觉样式和其他设置的便捷方式。标签将显示当前视口的设置。

单击括号内区域来更改设置。

单击"-"号可显示选项，可恢复视口、更改视口配置或控制导航工具的显示，如图 1-23 所示。

图 1-22　视口控件　　　　　　　图 1-23　视口控件显示选项

单击"俯视"，可以在几个标准和自定义视图之间选择。
单击"二维线框"，可以选择一种视觉样式。大多数其他视觉样式用于三维可视化。

10．ViewCube 工具、导航栏

ViewCube（显示在视口的右上角）是一种方便的工具，用来控制三维视图的方向。
导航栏用来控制视图显示。用导航栏中提供的"平移"工具平行于屏幕移动视图，用"缩

放"工具增大或缩小模型当前视图的比例,用"动态观察"工具旋转模型。

链接到 ViewCube 工具时,导航栏位于 ViewCube 之上或之下,并且方向为竖直。当没有链接到 ViewCube 时,导航栏可以沿绘图区域的一条边自由对齐。

注意,导航栏必须断开与 ViewCube 的链接才能独立放置。

11. UCS 图标

在绘图区域中显示一个图标,它表示矩形坐标系的 *X-Y* 轴,该坐标系称为"用户坐标系"(User Coordinate System,UCS),显示在绘图区域的左下角,用来指示当前坐标系的状态,如图 1-24 所示。

(a) 在原点的 UCS 图标　　　　　　(b) 不在原点的 UCS 图标

图 1-24　用户坐标系图标

12. 模型/布局选项卡

位于绘图区的左下角,用于切换模型空间和布局(图纸)空间。模型空间用于设计图形,布局(图纸)空间用于绘制和打印图形。

13. 命令窗口

命令窗口在绘图区域的下方,其可以被固定,也可调整其大小。用于显示命令、系统变量、选项、信息和提示。

在默认情况下,命令窗口是浮动的。固定命令窗口与 AutoCAD 窗口等宽。如果输入的文字长于命令行宽度,就会在命令行前弹出窗口以显示该命令行中的全部文字。

拖动命令窗口的左侧,可将其拖离固定区域使其浮动。可以使用定点设备将浮动命令窗口移动到屏幕的任何位置并调整其宽度和高度,如图 1-25 所示。

图 1-25　浮动命令窗口

将浮动命令窗口拖动到 AutoCAD 窗口的固定区域中,可将其再次固定。

隐藏和重新显示命令行的方法有以下几种:

(1) 依次单击"视图"选项卡→"选项板"面板→"命令行"。
(2) 依次单击"工具"菜单→"命令行"。
(3) 按 Ctrl+9 组合键。

注意:其他详情参阅菜单"帮助→用户界面→其他工具位置→"命令行"。

14. 状态栏

状态栏位于 AutoCAD 窗口的最下方,如图 1-26 所示。状态栏显示光标位置、绘图工具以及会影响绘图环境的工具。状态栏提供对某些最常用的绘图工具的快速访问。用户可以切换设置（例如，夹点、捕捉、极轴追踪和对象捕捉），也可以通过单击某些工具的下拉箭头来访问它们的其他设置。在默认情况下，不会显示所有工具，可以通过状态栏上最右侧的"自定义"按钮选择菜单显示的工具，如图 1-27 所示，名称前有对号√的，表示已显示。状态栏上显示的工具可能会发生变化，具体取决于当前的工作空间以及当前显示的是"模型"选项卡还是布局选项卡。

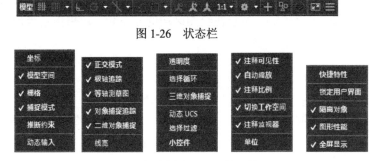

图 1-26　状态栏

图 1-27　状态栏中可显示的工具

用户也可以使用键盘上的功能键（F1～F12），切换其中某些设置。

使用 AutoCAD 2018 时，可使用多种功能区面板、菜单、工具栏、快捷键和其他用户界面元素来有效完成任务。通过自定义这些元素还可以改善工作环境。定义方法参见 AutoCAD 提供的帮助系统。

1.4　命令输入方法

AutoCAD 进行的每一项操作都是在执行一个命令，用户通过命令指示 AutoCAD 进行操作。可用下列方法输入命令：

（1）在命令提示下输入命令名或命令别名。

（2）在功能区、菜单栏、工具栏、状态栏或快捷菜单上单击命令名或按钮。

1.4.1　键盘输入

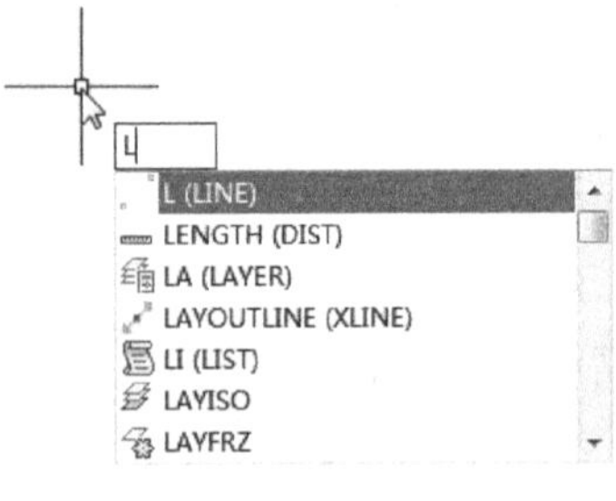

当命令行出现"命令:"提示时，AutoCAD 就处于接受命令的状态，此时，用户可以用键盘输入命令名。例如，要绘制直线，输入"L"，当动态输入开启时（默认情况是开启的，单击"状态栏"按钮，或按功能键"F12"控制动态输入的关闭或开启），在光标右下角就显示输入的字符 L，同时，其下显示有效命令和系统变量提示，如图 1-28 所示。此时按回车键或空格键，系统将执行输入的画直线命令。

图 1-28　命令和系统变量提示

输入的命令将在命令窗口显示，具体如下：

> 命令：<u>L</u>↵（输入画直线 Line 命令的别名 L，或输入 Line 命令）
> LINE 指定第一点：（系统等待用户给定数据，此时可用键盘输入数据或用光标在绘图区域定点）

注意：输入的命令字符必须是英文，不分大小写。

[注 1]：本书约定下画线部分为用户输入内容；"↵"表示按回车键。楷体字部分为系统提示。

[注 2]：回车键、空格键和鼠标右键用来终止从键盘上输入的命令和数据，但是在输入文本字符串时，空格键则包含在文字符内，终止字符串则必须用回车键。

1.4.2 单击命令名或图标按钮输入

在功能区、菜单栏、工具栏、状态栏或快捷菜单上单击命令名或按钮，系统执行相应的命令。

注意：光标移至某图标悬停，会自动显示图标工具功能或名称，如图 1-29 所示，若光标在图标上悬停 3s，有的会弹出该命令较详细的说明，如图 1-30 所示。这对初学者了解命令的功能非常有帮助。

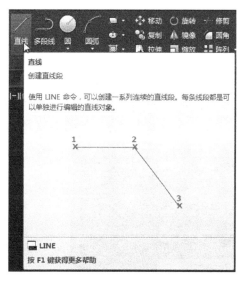

图 1-29　工具功能简单提示　　图 1-30　鼠标悬停在画直线命令图标时的提示

1.4.3 取消与重复命令

绘图时，用户可随时取消正在执行的命令，也可重复刚执行的命令。

按下键盘左上角的 Esc 键可取消正在执行的命令。或将光标移至某图标，单击执行新的命令。

无论使用哪一种方式输入一个命令后，接着当"命令："提示符出现时，再按一下空格键或回车键，就可以重复这个命令。也可右击绘图区域，在弹出的快捷菜单上（如图1-31所示），选择"重复××"命令，或从"最近的输入"中选择刚执行的命令。

图1-31　绘图区右键的快捷菜单

1.4.4　放弃与重做命令

绘图时，当出现一些误操作而需要放弃已执行的命令时，用放弃（Undo）命令。输入"U"后回车，一次放弃最近的一个命令；也可单击快速访问工具栏中的 图标，放弃最近执行的一个或多个命令，如图1-32所示。

如果放弃一个或多个命令操作之后，需要恢复原来的操作，用重做命令。输入"Redo"命令后回车，即可恢复上一个使用放弃命令撤销的效果。也可单击快速访问工具栏中的 图标，重做被取消的一个或多个命令，如图1-33所示。

图1-32　放弃最近执行的一个或多个命令　　图1-33　重做被取消的一个或多个命令

1.4.5　透明命令的使用

许多命令可以透明使用，即可以在使用另一个命令时，在命令行中输入这些命令。透明命令经常用于更改图形设置或显示，如 Grid 或 Zoom。在《命令参考》中，透明命令通过在命令名的前面加一个单引号（'）来表示。

使用方法：单击其工具栏按钮或在任何提示下输入命令之前输入单引号（'）。此时在命令行中，双尖括号（>>）置于命令前，提示显示透明命令。完成透明命令后，将恢复执行原命令。例如，在下例中，在绘制直线时打开点栅格并将其设定为一个单位间隔，然后继续绘制直线。

> 命令:*L* ↵（输入画直线 Line 命令的别名 L，或输入 Line 命令）
> 指定第一个点:*'grid* ↵（输入'grid 字号命令，嵌套使用 grid 命令）
> >>指定栅格间距(X) 或 [开(ON)/关(OFF)/捕捉(S)/主(M)/自适应(D)/界限(L)/跟随(F)/纵横向间距(A)] <10.0000>: *1* ↵（将栅格间距设置为 1）
> 正在恢复执行 LINE 命令。
> LINE 指定第一点:

注意：[ ]中为候选项，[ ]前为默认选项。

不选择对象、创建新对象或结束绘图任务的命令通常可以透明使用。在透明打开的对话框中所做的更改，直到被中断的命令已经执行后才能生效。同样，透明重置系统变量时，新值在开始下一命令时才能生效。

1.4.6 功能键

AutoCAD 设置了一些功能键，通过按下指定的功能键（在主键盘上部），打开或关闭 AutoCAD 的各种方式如表 1-1 所示。

表 1-1 常用功能键表

功 能 键	作　　用
F1	开启 AutoCAD 的帮助
F2	开启或关闭文本窗口（Text Window）
F3	开启或关闭对象捕捉（Object Snap）
F4	开启或关闭三维对象捕捉（3D Object Snap）
F5	按循环方式选择下一个等距平面（左、顶、右……）（画轴测图用）
F6	允许/禁止动态 UCS（DUCS）（UCS-用户坐标系）
F7	Grid 栅格开启（ON）或关闭（OFF）（相当于在白纸或坐标纸上作图）
F8	Ortho 正交方式的开启（ON）或关闭（OFF）（常用于画与坐标轴平行或垂直的直线）
F9	Snap 捕捉方式的开启（ON）或关闭（OFF）（捕捉栅格点）
F10	开启或关闭极轴追踪（Polar Tracking）
F11	开启或关闭对象捕捉追踪（Object Snap Tracking）
F12	开启或关闭动态输入（DYN）

1.4.7 命令的别名

画图时用键盘输入常用命令的缩写，比单击图标要快速，因此，用户需要记住常用命令的别名（Alias）。表 1-2 列出了 AutoCAD 常用键盘命令的缩写，其他别名可通过 ACAD.PGP 文件查看或重新定义。

表 1-2　常用键盘命令缩写

缩　写	命　令	缩　写	命　令
A	Arc 圆弧	LI 或 LS	List 列表显示
B	Block 块	M	Move 移动
C	Circle 圆	MI	Mirror 镜像
CO 或 CP	Copy 复制	O	Offset 偏移
D	DimStyle 尺寸样式	P	Pan 平移
E	Erase 删除	PL	Pline 多段线
EX	Extend 延伸	R	Redraw 重画
F	Fillet 圆角	S	Stretch 拉伸
H	Hatch 图案填充	SN	Snap 捕捉
I	Insert 块插入	T	MText 多行文本
L	Line 直线	TR	Trim 修剪
LA	Layer 层	Z	Zoom 缩放

1.4.8　组合键

画图时用组合键开启菜单比单击图标要快速，因此，用户需要记住常用组合键的功能。表 1-3 列出了 AutoCAD 的部分组合键，其他组合键的功能可查看 AutoCAD 提供的帮助。

表 1-3　常用组合键表

组　合　键	作　用
Ctrl + 0	开启或关闭全屏显示
Ctrl + 1	开启或关闭特性对话框
Ctrl + 2	开启或关闭设计中心（DESIGNCENTER）
Ctrl + 3	开启或关闭工具选项板
Ctrl + 4	开启或关闭图纸集管理器
Ctrl + 6	开启或关闭数据库连接管理器
Ctrl + 7	开启或关闭标记集管理器
Ctrl + 8	开启或关闭快速计算器
Ctrl + 9	开启或关闭命令窗口的显示
Ctrl + H	开启或关闭编组选择
Ctrl +Tab	浏览不同选项卡

1.5　数据输入方法

AutoCAD 系统执行命令时，通常需要用户为命令的执行提供附加信息，如点、数值和角度等。

1.5.1 点的输入

当命令行窗口出现指定"点:"提示时，可通过下列中的任意一种方式指定点的位置。

1. 绝对坐标输入

绝对坐标是指相对于当前坐标原点的坐标。当以绝对坐标的形式输入一个点时，可以采用笛卡尔坐标、极坐标、柱坐标和球坐标的方式实现。

1）直角坐标输入

用直角坐标系中的 X、Y、Z 坐标值可表示一个点。在键盘上按顺序直接输入数值，各数值之间用英文逗号（,）隔开。

当动态输入关闭时，二维点可直接输入（x,y）的数值。例如，在回答"指定点"时，输入 **5,8↵**，表示点的坐标为（5,8）。

当动态输入开启时，可以使用"#"前缀指定绝对坐标。例如，输入**#5,8↵**指定一点，此点在 X 轴方向距离原点 5 个单位，在 Y 轴方向距离原点 8 个单位。

在二维中，在 XY 平面（又称工作平面）上指定点，一般不需要输入 Z 坐标，而由系统自动添加当前工作平面的 Z 坐标。如果需要，也可用（x,y,z）的形式给出 Z 坐标。如（5,8,6），如图 1-34 所示。

2）极坐标输入

在二维中，也可采用极坐标输入。极坐标是以当前点到下一点的距离和连接这两点的向量与水平正向的夹角来表示的，其格式为"@d<α"，"d"表示距离，"α"表示角度，"<"为中间分隔符。如@10<30，表示输入点与上一点的距离为 10，与上一点的连线和 X 正向间的夹角为 30°，如图 1-35 所示。

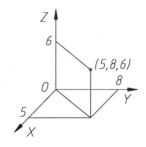
图 1-34　笛卡尔坐标系点的绝对坐标输入

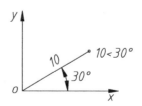
图 1-35　极坐标系点的绝对坐标输入

3）柱坐标输入

柱坐标通过 XY 平面中与 UCS 原点之间的距离、XY 平面中与 X 轴的角度及 Z 值来描述精确的位置。

柱坐标输入相当于三维空间中的二维极坐标输入。它在垂直于 XY 平面的轴上指定另一个坐标。柱坐标通过定义某点在 XY 中距 UCS 原点的距离，在 XY 平面中与 X 轴的角度及 Z 值来定位该点。

使用语法"X<[与X轴所成的角度],Z"指定使用绝对柱坐标的点。

注意：下例假设动态输入处于关闭状态，即坐标在命令行上输入。如果启用动态输入，可以使用 # 前缀来指定绝对坐标。

在图1-36中，坐标 5<30,6 表示距当前UCS的原点5个单位、在XY平面中与X轴为30°角、沿Z轴6个单位的点。

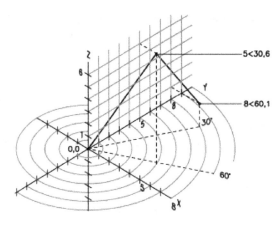

图1-36　柱坐标

4）球坐标输入

三维中的球坐标输入与二维中的极坐标输入类似，是通过指定某点距当前UCS原点的距离、与X轴所成的角度（在XY平面中），以及与XY平面所成的角度来定位点，每个角度前面加了一个左尖括号（<），如以下格式所示：

X<[与X轴所成的角度]<[与XY平面所成的角度]

注意：下例假设动态输入处于关闭状态，即坐标在命令行上输入。如果启用动态输入，可以使用 # 前缀来指定绝对坐标。

在图1-37中，坐标8<60<30 表示在XY平面中距当前UCS的原点8个单位、在XY平面中与X轴成60°角，以及在Z轴正向上与XY平面成30°角的点。坐标5<45<15 表示距原点5个单位、在XY平面中与X轴成45°角、在Z轴正方向上与XY平面成15°角的点。

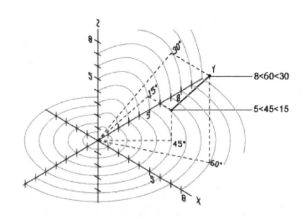

图1-37　球坐标

2. 相对坐标输入

相对坐标是指给定点相对于前一个已知点的坐标增量。相对坐标也有直角坐标、极坐标、柱面坐标和球面坐标四种方式。

当动态输入关闭时，坐标值前要加前缀@。如当前点的坐标（6,9），输入**@5,6↵**，表示输入点的绝对坐标是（11,15）。

当动态输入开启时，输入的坐标值即为相对坐标。

3. 用光标直接输入

移动光标到某一位置后，按下鼠标左键，就输入了光标所处位置的坐标。

4. 目标捕捉输入

可用目标捕捉方式输入一些特殊点，如图1-38所示。

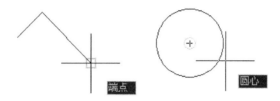

图1-38　目标捕捉输入

5. 直接距离输入

通过移动光标指定方向，然后直接输入距离，如图1-39所示。

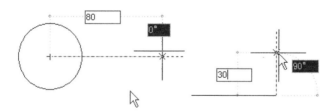

图1-39　直接距离输入

下面通过画如图1-40所示的图形，说明三种坐标输入方法。

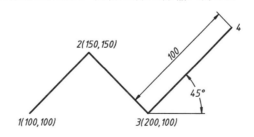

图1-40　绝对坐标、相对坐标、极坐标

下面是在命令行的输入及显示：

命令：<u>L↵</u>　　　（从键盘输入L画直线命令）

```
LINE 指定第一点：100,100↵  点1（绝对坐标  其格式：x,y）
指定下一点或 [放弃(U)]：#150,150↵  点2(绝对坐标)（注意：动态输入开启时加前缀"#"）
指定下一点或 [放弃(U)]：@50,-50↵  点3（相对坐标  其格式：@x,y）（动态输入开启时可省略@）
指定下一点或 [闭合(C)\放弃(U)]：@100<45↵  点4（极坐标  其格式：@距离<角度）
指定下一点或 [闭合(C)\放弃(U)]：↵    （结束画线命令）
```

1.5.2 距离的输入

在 AutoCAD 系统中，许多时候（如指定高、宽、半径等）需要输入距离，有如下两种方式。

（1）直接输入一个数值：用键盘直接输入一个数值。

（2）指定一点的位置：当已知某一基点时，可在系统显示上述提示时，指定另外一点的位置。这时，系统自动测量该点到基点的距离。

1.5.3 位移量的输入

位移量是指图形从一个位置平移到另一个位置的距离，其系统提示为"指定基点或位移："，可用两种方式指定位移量。

1. 从键盘上输入位移量

1）输入两个位置点的坐标

输入基点 $P_1(x_1,y_1)$，再输入第二点 $P_2(x_2,y_2)$，则 P_1、P_2 两点间的坐标差就是位移量，即 $\Delta X = x_2 - x_1$，$\Delta Y = y_2 - y_1$。

2）输入一个点的坐标

输入一点 $P(x,y)$，在"指定位移的第二点或<用第一点作位移>："提示下，直接按回车键响应，则位移量就是该点 P 的坐标值(x,y)，即 $x = \Delta x$，$y = \Delta y$。

2. 用光标确定位移量

用光标分别拾取两点，则两点间的距离即为位移量。

1.5.4 角度的输入

在 AutoCAD 系统中，默认以"度"为单位，以 X 轴正向为 0°，以逆时针方向为正，顺时针方向为负。在提示符"角度："后，可以直接输入角度值，也可输入两点，后者的角度大小与输入点的顺序有关，规定第一点为起点，第二点为终点，起点和终点的连线与 X 轴正向的夹角为角度值。

1.6 动态输入

"动态输入"是在光标附近提供一个命令界面,以帮助用户专注于绘图区域。启用"动态输入"时,工具栏提示将在光标附近显示信息,该信息会随着光标移动而动态更新。当某条命令为活动时,工具栏提示将为用户提供输入的位置,图 1-41 所示为画圆过程中的提示。

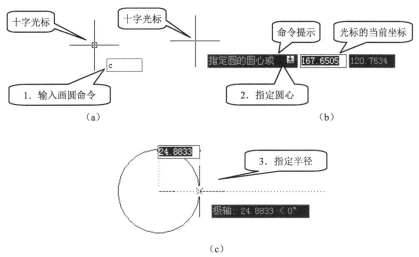

图 1-41 动态输入开启时画圆过程中的提示

完成命令或使用夹点所需的动作与命令行中的动作类似。启用动态输入可以将用户的注意力保持在光标附近,便于用户操作。

1. 打开和关闭动态输入

单击状态栏上的动态输入按钮 ![] (或按"F12"键),打开和关闭"动态输入"。"动态输入"有 3 个组件:指针输入、标注输入和动态提示。在 ![] "DYN"上单击鼠标右键,然后单击"动态输入设置...",开启"草图设置"对话框的"动态输入"选项卡,如图 1-42 所示。通过它可以控制启用"动态输入"时每个组件所显示的内容。

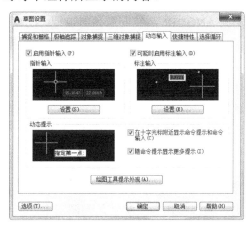

图 1-42 "动态输入"选项卡

2. 指针输入

当启用指针输入且有命令在执行时,十字光标的位置将在光标附近的工具栏提示中显示坐标。可以在工具栏提示中输入坐标值,而不用在命令行中输入。

第二个点和后续点的默认设置为相对极坐标(对于 RECTANG 命令,为相对笛卡尔坐标),不需要输入@符号。如果需要使用绝对坐标,须用井号(#)前缀。例如,要将对象移到原点,在提示输入第二个点时,输入"#0,0"。

使用指针输入设置可修改坐标的默认格式,以及控制指针输入工具栏提示何时显示。

3. 标注输入

启用标注输入时,当命令提示输入第二点时,工具栏提示将显示距离和角度值。在工具栏中提示的值将随着光标移动而改变。按 Tab 键可以移动到要更改的值。标注输入可用于 Arc、Circle、Ellipse、Line 和 Pline。

注意:对于标注输入,在输入字段中输入值并按 TAB 键后,该字段将显示一个锁定图标,并且光标会受输入的值约束。

使用夹点编辑对象时,标注输入工具栏提示可能会显示以下信息:长度、角度、移动夹点时更新的长度、长度的改变、移动夹点时角度的变化、圆弧的半径等,如图 1-43 所示。

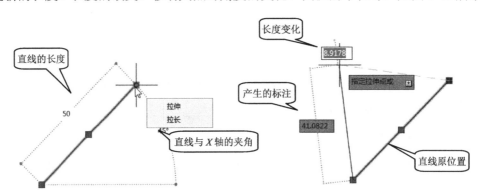

图 1-43 使用夹点编辑直线时的显示

在使用夹点来拉伸对象或在创建新对象时,标注输入仅显示锐角,即所有角度都显示为小于或等于 180°。因此,无论 ANGDIR 系统变量如何设置(在"图形单位"对话框中设置),270°的角度都将显示为 90°。创建新对象时指定的角度需要根据光标位置来决定角度的正方向。

4. 动态提示

启用动态提示时,提示会显示在光标附近的工具栏提示中,用户可以在工具栏提示(而不是在命令行)中输入响应。按下方向键↓可以查看和选择选项,按上方向键↑可以显示最近的输入。

注意:要在动态提示工具栏提示中使用 PASTECLIP,可输入字母然后在粘贴输入之前用 Backspace 键将其删除。否则,输入将作为文字粘贴到图形中。

1.7 使用 AutoCAD 的工具提示和帮助

AutoCAD 2018 提供了很强的工具提示和帮助功能，用户可以获得各项命令的详细使用说明、系统变量说明和定义项说明等。若新用户能够有效使用帮助系统，就能快速掌握该软件。

1.7.1 工具提示

工具提示是指光标悬停在工具栏、面板按钮或菜单项上时，在光标附近显示该工具的简要说明，如图 1-44（a）、（b）所示。当悬停达到 3s 时，在光标附近显示该工具较为详细的说明，如图 1-44（c）、（d）所示。用户根据提示可快速了解所指命令的功能。

（a）光标悬停在"镜像"按钮上的提示

（b）光标悬停在"分解"按钮上的提示

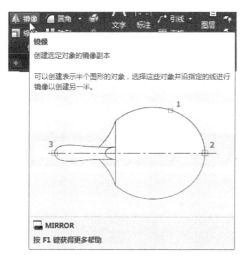
（c）光标悬停在"镜像"按钮上 3s 的提示

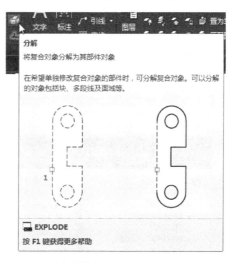
（d）光标悬停在"分解"按钮上 3s 的提示

图 1-44　工具提示

1.7.2 获取 AutoCAD 帮助的方法

AutoCAD 提供有强大的帮助功能，通过它可以让用户详细了解各种命令、工具的功能及使用方法。提供的有联网帮助和下载脱机帮助。通过以下方法可以获取帮助：

（1）单击"帮助"按钮 ，打开 AutoCAD 2018 的帮助主页，如图 1-45 所示，从中可以选择想要查看的内容。

图1-45　AutoCAD 2018的帮助主页

（2）从键盘输入命令：? ↵（或Help，或按F1键），也可以打开AutoCAD 2018的帮助主页"。

（3）透明使用帮助。在其他命令输入过程中也可以透明地使用Help命令，例如：

命令：L ↵　（从键盘输入L 画直线Line命令）

LINE 指定第一点：'? ↵　（输入撇号和问号，即在Line命令中嵌套使用Help命令）

结果弹出"LINE（命令）"的帮助页面，如图1-46所示。

图1-46　"LINE（命令）"的帮助页面

提示：在学习某一种软件时，要善于运用系统提供的帮助文件，这是快速掌握软件的一种捷径。

1.8 文件管理

1.8.1 新建文件

使用 AutoCAD 绘制一张新图时，通常先创建一个空白新图形文件。

1. 创建新文件的步骤

（1）单击"新建"按钮（或按 Ctrl + N 组合键），开启"选择样板"对话框，如图 1-47 所示。

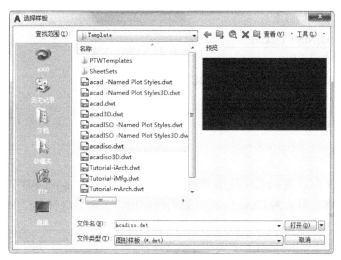

图 1-47 "选择样板"对话框

（2）选择"acadiso.dwt"（我国一般使用"acadiso.dwt"，公制，以毫米（mm）为单位）。

（3）单击"打开"按钮，即可创建一个图形新文件。第一个新图形的名称都预定义为 Drawing1.dwg，以后每新建一个图形，后面的数字都自动加一，如 Drawing2.dwg、Drawing3.dwg 等。

2. 文件说明

（1）样板文件：AutoCAD 提供了一种用户在一幅标准图形中使用的标准设置可以被存储并多次使用的方法，这样的图形称为样板（*.dwt）。样板是可以作为画新图形基础的图形。用户可以拥有许多样板，每个样板作为一种特定类型的新图的基础。用户应定义自己的样板，以便节约大量图形设置的时间，并且可以提供工作的一致性。例如，在绘制机械图时，可将 A0～A4 所用的图幅、标题栏、图层名、各种线型（粗实线、细实线、细点画线、虚线等）、文字样式、标注样式和表面结构符号（保存成块）等均设置好，保存成不同的样板，这样在开始绘制一幅新图时可先分析用多大的图幅，直接进入样板进行绘制，节省时间，提高效率。

（2）图形文件：图形文件扩展名为.dwg，是 AutoCAD 默认的保存类型。

（3）标准文件：标准文件扩展名为.dws。为维护图形文件的一致性，可以创建标准文件以定义常用属性。标准为命名对象（如图层和文字样式）定义一组常用特性。为了增强一致性，用户或用户的 CAD 管理员可以创建、应用和核查图形中的标准。因为标准可使其他人容易对图形进行解释，在合作环境下，许多人都致力于创建一个图形，所以标准特别有用。

CAD 管理员通常创建、维护和分发图形样板文件以在整个组织内保持一致的标准和样式。已指定的设置有：

① 测量单位和测量样式（UNITS）；
② 草图设置（DSETTINGS）；
③ 图层和图层特性（LAYER）；
④ 线型比例（LTSCALE）；
⑤ 标注样式（DIMSTYLE）；
⑥ 文字样式（STYLE）；
⑦ 布局以及布局视口和比例（LAYOUT）；
⑧ 打印和发布设置（PAGESETUP）。

当将这些设置保存为图形样板文件时，可以开始创建设计，而无须先指定任何设置。

3．英制与公制

启动 AutoCAD 时，有的系统使用"英制"（English）的"acad.dwt"样板创建新图形，默认图形边界（栅格界限）为 12in×9in。有的系统使用"公制"（Metric）的"acadiso.dwt"样板创建新图形，默认图形边界（栅格界限）为 420mm×297mm。

"acad.dwt"和"acadiso.dwt"主要用于绘制二维图形。三维建模的英制和公制样板文件是"acad3d.dwt"和"acadiso3d.dwt"。

1.8.2 保存图形文件（Save 命令）

保存图形文件以便日后使用。可以设置自动保存、备份文件，以及仅保存选定的对象。

在对图形进行处理时，应当经常进行保存。保存操作可以在出现电源故障或发生其他意外事件时防止图形及其数据丢失。如果要创建图形的新版本而不影响原图形，可以用一个新名称保存。

图形文件的文件扩展名为.dwg，除非更改保存图形文件所使用的默认文件格式，否则将使用最新的图形文件格式保存图形。此格式适用于文件压缩和在网络上使用。

保存文件的方法有如下几种。

1）从键盘输入命令

输入命令：**_Save↵_**（或用 Ctrl+S 组合键），弹出"图形另存为"对话框，如图 1-48 所示。在对话框中指定存盘路径、输入图形文件名。

图 1-48　"图形另存为"对话框

2）用工具栏

（1）单击快速访问工具栏中的"保存"按钮，系统以当前文件名快速存盘。若无文件名，弹出"图形另存为"对话框。

（2）单击快速访问工具栏中的"另存为"按钮，弹出"图形另存为"对话框。

3）用菜单命令

单击"应用程序按钮"按钮，在弹出的应用程序菜单中选择"保存"菜单项，以当前文件名快速存盘；选择"另存为"菜单项，弹出"图形另存为"对话框。

注意：AutoCAD 在系统默认 Savetime 变量下，每隔 10min 自动以临时文件（扩展名为.ac$）将图形存盘一次。用户可选择"工具(T)"→"选项(O)…"→"打开和保存"命令设置自动存盘时间，也可在命令提示下输入 Savetime 命令来设置自动存储的时间间隔，或用 Setvar 命令修改系统变量 Savetime 的值。

1.8.3　打开图形文件（Open 命令）

用户可以打开图形来进行处理。

1. 打开方法

1）从键盘输入命令

输入命令：*Open*↙（或按 Ctrl+O 组合键），显示"选择文件"对话框（如图 1-49 所示），从中选择要打开的文件。

图 1-49 "选择文件"对话框

2）用工具栏

单击快速访问工具栏中的"打开" 按钮，显示"选择文件"对话框。

3）用菜单命令

单击"应用程序按钮" 按钮，在弹出的应用程序菜单中，选择"打开"。

此外，要打开图形，可以采用以下几种方法：

（1）在 Windows 资源管理器中双击图形，启动 AutoCAD 后打开图形。如果 AutoCAD 程序正在运行，将在当前任务中打开图形，而不会启动另一任务再打开图形。

（2）将图形从 Windows 资源管理器拖动到 AutoCAD 中，如果将图形放置到绘图区域外部的任意位置（如命令行或工具栏旁边的空白处），将打开该图形。但是如果将一个图形拖动到一个已打开图形的绘图区域，新图形不是被打开，而是作为一个块参照插入。

（3）使用设计中心打开图形。

（4）使用图纸集管理器可以在图纸集中找到并打开图形。

2. 同时打开多个图形

可以在同时打开的多个图形文件之间快速引用、拖动或复制对象，也可以使用"特性刷"把一个图形中的某些对象的特性传到另一个图形的对象中。

1）一次打开多个图形的方法

像在 Windows 资源管理器中一样，按住 Ctrl 键然后依次单击要选择的文件；或者先单击一个图形文件，然后按住 Shift 键并单击另一个文件，选中相邻的一串文件。选择全部所需的文件后，单击"打开"按钮。

2）排列多个图形文件窗口的方法

选择"窗口"菜单中的"层叠"（Cascade）或"平铺"（Tile）选项来排列几个图形文件的窗口，便于查看和操作。

3）切换多个图形文件窗口的方法

如果屏幕上同时显示了几个图形文件（如图 1-50 所示），可使用以下方法进行切换：
（1）用 Ctrl+Tab 或 Ctrl+F6 快捷键在几个打开的图形之间循环切换。
（2）单击文件标签，或从"窗口"菜单中选择该文件的文件名即可将其激活。

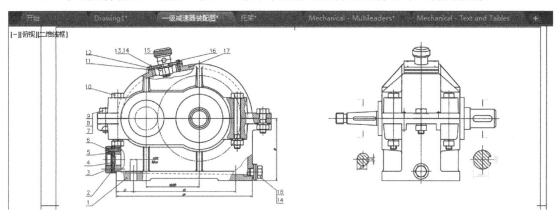

图 1-50　使用"快速查看图形"工具

1.8.4　图形显示控制

AutoCAD 2018 提供了功能强大的图形显示控制，在绘图区的左上角有三个控件："[-]"视口控件、"俯视"视图控件、"二维线框"视口样式控件；右上角有一个"ViewCube 工具"；右边还有一个"导航栏"，用于图形显示控制。

1）视口、视图、视口样式控件

视口控件显示在每个视口的左上角，提供更改视图、视觉样式和其他设置的便捷方式。

单击"-"视口控件，弹出如图 1-51 所示的菜单。用于恢复视口、视口配置及 ViewCube、SteeringWheels 及导航栏的显示。

单击"俯视"视图控件，弹出如图 1-52 所示的菜单，用于视图间的切换。

单击"二维线框"视口样式控件，弹出如图 1-53 所示的菜单，用于三维视觉方式的选择。

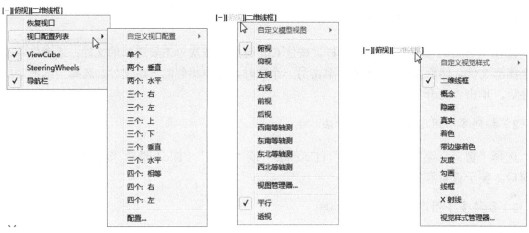

图 1-51　视口控件　　　　　图 1-52　视图控件　　　　　图 1-53　视口样式控件

2）ViewCube 工具

ViewCube 工具是在二维模型空间或三维视觉样式中处理图形时显示的导航工具。使用 ViewCube 工具，可以在标准视图和等轴测视图间切换，其图标如图 1-54 所示。

ViewCube 工具是一种可单击、可拖动的常驻界面，用户可以用它在模型的标准视图和等轴测视图之间进行切换。ViewCube 工具显示后，将在窗口一角以不活动状态显示在模型上方。ViewCube 工具在视图发生更改时可提供有关模型当前视点的直观反映。将光标放置在 ViewCube 工具上后，ViewCube 将变为活动状态。可以拖动或单击 ViewCube 的边、角点和面（如图 1-55 所示）来切换到可用预设视图之一、滚动当前视图或更改为模型的主视图。

图 1-54　ViewCube 图标　　　　　图 1-55　选择 ViewCube 的边、角点和面

3）控制 ViewCube 的外观

ViewCube 工具以不活动状态或活动状态显示。当 ViewCube 工具处于不活动状态时，默认情况下显示为半透明状态，这样便不会遮挡模型的视图。当 ViewCube 工具处于活动状态时，显示为不透明状态，并且可能会遮挡模型当前视图中对象的视图。

除控制 ViewCube 工具在不活动时的不透明度级别，还可以控制 ViewCube 工具的以下特性：

（1）大小。

（2）位置。

（3）UCS 菜单的显示。

（4）默认方向。

（5）指南针显示。

4）使用指南针

指南针显示在 ViewCube 工具的下方并指示为模型定义的北向。可以单击指南针上的基本方向字母以旋转模型，也可以单击并拖动其中一个基本方向字母或指南针圆环，以交互方式绕轴心旋转模型。

5）ViewCube 菜单

右击 ViewCube 工具图标，显示 ViewCube 菜单。使用 ViewCube 菜单可恢复和定义模型的主视图，在视图投影模式之间切换，以及更改交互行为和 ViewCube 工具的外观。

ViewCube 菜单包含以下选项。

（1）主视图：恢复随模型一起保存的主视图，该视图与 SteeringWheels 菜单中的"转至主视图"选项同步。

（2）平行：将当前视图切换至平行投影。

（3）透视模式：将当前视图切换至透视投影。

（4）带平行视图面的透视模式：将当前视图切换至透视投影（除非当前视图与 ViewCube 工具上定义的面视图对齐）。

（5）将当前视图设定为主视图：根据当前视图定义模型的主视图。

（6）ViewCube 设置：显示对话框，从中可以调整 ViewCube 工具的外观和行为。

（7）帮助：启动联机帮助系统并显示有关 ViewCube 工具的主题。

6）导航栏

导航栏是一种用户界面元素，可以从中访问通用导航工具和特定于产品的导航工具，如图 1-56 所示，它沿当前模型窗口的一侧浮动。

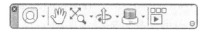

图 1-56 ViewCube 工具导航栏

通过单击导航栏中的一个按钮，或从单击分割按钮的较小部分时显示的列表中选择一种工具来启动导航工具。

导航栏中有以下通用导航工具。

（1）ViewCube：指示模型的当前方向，并用于重定向模型的当前视图。

（2）SteeringWheels：用于在专用导航工具之间快速切换的控制盘集合。

（3）ShowMotion：用户界面元素，为创建和回放电影式相机动画提供屏幕显示，以便进行设计查看、演示和书签样式导航。

（4）3Dconnexion：一套导航工具，用于使用 3Dconnexion 三维鼠标重新设置模型当前视图的方向。

导航栏中有以下特定于产品的导航工具。

（1）平移：沿屏幕平移视图。

（2）缩放工具：用于增大或减小模型的当前视图比例的导航工具集。

（3）动态观察工具：用于旋转模型当前视图的导航工具集。

7）二维图形显示控制的基本方法

二维图形显示控制的基本方法是利用鼠标的中键滚轮。当滚轮向前滚动时，以光标点为基点放大显示图形；向后滚动时，缩小图形；按下滚轮移动鼠标时，平移图形。显示控制只是控制图形的显示尺寸，并不改变图形的实际尺寸。

如果鼠标没有中键滚轮，可用标准工具栏上的图标按钮：。

（1）实时平移：单击后，拖动鼠标（按住鼠标左键不放）平移图形。

（2）实时缩放：单击后，拖动鼠标就可缩放图形。

（3）窗口缩放：在要放大区域的一角，单击鼠标左键指定第一个角点，移动鼠标到要放大区域的对角，单击指定对角点，窗口内的图形放大显示。右下角有黑三角，它是组合按钮，常按此按钮会弹出一个工具栏，移动鼠标可选择不同的方式对图形进行缩放，详情请参阅 AutoCAD 的帮助。

（4）返回前一个显示状态。

如果出现图形缩小和放大到一定程度后不能继续放大和缩小，可输入 Regen 命令（或选择菜单栏中的"视图\重生成"），命令执行后就可继续放大和缩小。

8）图形显示控制最常用的命令

Zoom（缩放）、Pan（平移）和 Dsviewer（鸟瞰视图：主要用在大型图形中，可以在显示全部图形的窗口中快速平移和缩放）。其中，Zoom 的用法如下。

（1）当动态输入关闭时，命令行显示为：

命令：z↵ （输入缩放 Zoom 命令）
ZOOM
指定窗口的角点，输入比例因子 (nX 或 nXP)，或者
[全部(A)/中心(C)/动态(D)/范围(E)/上一个(P)/比例(S)/窗口(W)/对象(O)] <实时>：

（2）当动态输入开启时，在图形光标处的显示如图 1-57 所示。

图 1-57 动态输入开启时缩放命令的输入与提示

缩放（Zoom）命令各选项的含义如下。

（1）全部（A）：在当前视口中缩放显示整个图形。在平面视图中，所有图形将被缩放到栅格界限和当前范围两者中较大的区域中。在三维视图中，Zoom 的"全部"选项与 Zoom 的"范围"选项等效，即使图形超出了栅格界限也能显示所有对象。

（2）中心（C）：缩放显示由中心点和放大比例（或高度）所定义的窗口。高度值较小时增加放大比例，高度值较大时减小放大比例。

（3）动态（D）：缩放显示在视图框中的部分图形。视图框表示视口，可以改变它的大小，或在图形中移动。移动视图框或调整它的大小，将其中的图像平移或缩放，以充满整个视口。

（4）范围（E）：缩放以显示图形范围并使所有对象最大显示。
（5）上一个（P）：缩放显示上一个视图。最多可恢复此前的 10 个视图。
（6）比例（S）：以指定的比例因子缩放显示。
（7）窗口（W）：缩放显示由两个角点定义的矩形窗口框定的区域。
（8）对象（O）：缩放以便尽可能大地显示一个或多个选定的对象并使其位于绘图区域的中心，可以在启动 Zoom 命令之前或之后选择对象。
（9）<实时>：利用定点设备，在逻辑范围内交互缩放。
其用法请参见 AutoCAD 提供的帮助文件。

1.8.5 退出 AutoCAD

如果确定要退出 AutoCAD，单击 AutoCAD 窗口右上角的 ⊠ 按钮（或应用程序菜单中的 ⊠ 关闭、退出 AutoCAD 2012 按钮，或选择"文件（F）→退出（E）"，或输入 Exit 命令），在退出时系统会自动检查并提示用户，是否将对图形的修改存盘，用户可以保存图形，或者放弃修改内容直接退出 AutoCAD，如图 1-58 所示。

图 1-58　退出 AutoCAD 时的消息框

习　题

1-1．如何启动 AutoCAD？
1-2．观察第一次进入 AutoCAD 的图形名称和使用的样板。
1-3．如何显示（或隐藏）菜单栏？
1-4．如何打开已有的图形？在打开的多个图形中如何切换？
1-5．AutoCAD 2018 保存的文件格式有哪些？
1-6．AutoCAD 2018 打开文件的方式有哪些？
1-7．命令的输入方式有几种？如何重复上一次的命令？
1-8．如何用键盘输入数据？
1-9．在 Line、Circle 等命令中嵌套使用 Help 命令，查看 Line、Circle 等命令的功能。
1-10．如何开启或关闭 Dimension（尺寸标注）工具栏？
1-11．在绘图时如何用相对坐标和极坐标定点？
1-12．动态输入开启时，如何指定绝对坐标？
1-13．功能键 F1、F3、F9 的作用是什么？

1-14．绘制几段直线和圆，用 Undo、Redo 命令放弃和重做。

1-15．按 F7、F9 功能键，移动光标，观察屏幕显示和坐标值的变化情况。

1-16．在安装文件夹中打开 AutoCAD 提供的样例（Sample）文件，查看文件，进一步了解 AutoCAD 的功用，练习视图显示的控制等，如图 1-59 所示。

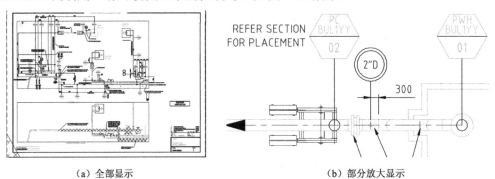

（a）全部显示　　　　　　　　　　　　　　（b）部分放大显示

图 1-59　Mechanical - Multileaders.dwg 样例图

第 2 章 二维绘图命令

AutoCAD 提供了绘制直线、圆、圆弧、椭圆、正多边形等命令，用它们加上编辑功能可完成工程绘图的需要。

下面介绍的命令读者可上机对照操作，上机时注意：

(1) 确认状态行中的"极轴"、"对象捕捉"、"对象追踪"为默认的开启状态。

(2) 输入 *Z↵*，输入 *A↵*，将系统默认设置为 A3 绘图区域（420×297）放大到全窗口，用的是系统默认的 acadiso.dwt 公制样板。

(3) 按功能键"F7"关闭栅格显示。栅格相当于坐标纸上印制好的网格线，不是所绘图形，起定位参考作用。这里为使画面简洁，将其关闭。

(4) 操作过程中注意随时保存文件，以免文件丢失。

2.1 Line 画直线命令

1. 功能

创建直线段。使用 Line 命令可以创建一系列连续的直线段。每条线段都是可以单独进行编辑的直线对象。

2. 访问方法

(1) 单击功能区：默认标签→绘图面板→直线。
(2) 选择菜单："绘图 (D)"→"直线 (L)"。
(3) 单击绘图工具栏中的 ╱ 按钮。
(4) 输入 Line 或别名 L。

3. 提示列表

命令行窗口将显示以下提示：

> 指定第一个点：
> 指定下一点或 [关闭(C)/放弃(U)]：

4. 说明

当提示"指定第一个点："时，可直接指定点或按回车键，从上一条绘制的直线或圆弧继续绘制。

当提示"指定下一点或 [关闭(C)/放弃(U)]："时，输入 *C↵*，将当前 Line 命令中以第一条线段的起始点作为最后一条线段的端点，形成一个闭合的线段环。在绘制了一系列线段（两条或两条以上)之后,可以使用"闭合"选项,同时结束命令。输入 _U↵_ 将放弃当前命令所画的最后一段线,多次输入 _U↵_ 将按绘制次序的逆序逐个删除线段。

5. 应用举例

使用动态输入,即 DYN 开启时,绘制如图 2-1 所示的图形,步骤如下:

(1) 输入 _L↵_,输入 _**100,100↵**_ (指定起始点 1)。

(2) 水平向右移动光标并使极轴追踪成 0°后(如图 2-1 (a) 所示),输入 _**100↵**_ (画出长为 100 的水平线 12)。

(3) 向上移动光标并使极轴追踪成 90°后(如图 2-1 (b) 所示),输入 _**100↵**_ (画出长为 100 的竖线段 23)。

(4) 输入 _c↵_ (闭合线段并结束线段命令,画出线段 31,结果为一个三角形),如图 2-1 (c) 所示。

(5) 按两次回车键(线段从 1 点引出)。

(6) 向上移动光标(如图 2-1 (d) 所示),输入 _**200↵**_ (画出长为 200 的竖线段,端点跑出显示范围)。

(7) 输入 _u↵_ (取消刚绘制的线段)。

(8) 使橡皮筋方向向上,输入 _**100↵**_ (画出长为 100 的竖线段 14),向右移动光标(如图 2-1 (e) 所示),输入 _**100↵**_ (画出线段 43)。

(9) 按回车键,结束画线命令。

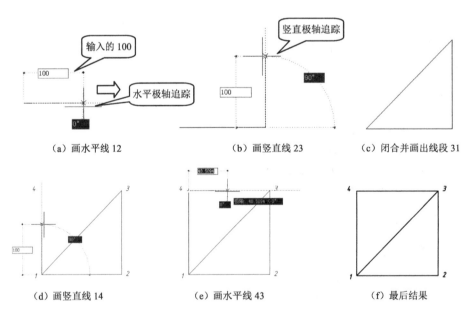

图 2-1 画直线段及其分解步骤图

不使用动态输入,即 DYN 关闭时(按 F12 键可关闭或开启动态输入),使用命令行绘制如图 2-1 所示图形的步骤如下:

命令: _L↵_ (输入画直线命令的别名 L)
LINE 指定第一点: _**100,100↵**_ (指定起始点 1)

指定下一点或 [放弃(U)]: *@100,0*↙（指定下一个点 2，用的是相对坐标）
指定下一点或 [放弃(U)]: *@100<90*↙（指定下一个点 3，用的是极坐标）
指定下一点或 [闭合(C)/放弃(U)]: *C*↙（选择"闭合"选项，闭合所画线段并结束画线段命令）
命令: ↙（按回车键，重复直线命令）
LINE 指定第一点: ↙（直接按回车键，可将最近一次绘制的线段或圆弧的终点作为线段的起点）（线段从 1 点引出）
指定下一点或 [放弃(U)]: 向上移动光标，使极轴追踪成 90°后，输入 *200*↙
指定下一点或 [放弃(U)]: *U*↙（选择"放弃"选项，取消上一点）（移动一下鼠标，观察显示）
指定下一点或 [放弃(U)]: 向上移动光标，使极轴追踪成 90°后，输入 *100*↙
指定下一点或 [放弃(U)]: 向右移动光标，使极轴追踪成 0°后，输入 *100*↙
指定下一点或 [闭合(C)/放弃(U)]: ↙（按回车键，结束画线段命令）结果如图 2-1 所示。

注意：在一个命令给出多个选项时，若不用 AutoCAD 提供的默认选项而选用别的选项，只需把要选择选项的大写字符输入即可。

2.2 Pline 画二维多段线命令

1. 功能

创建二维多段线，多段线是由直线段和圆弧段组成的单个对象。多段线提供单段直线所不具备的编辑功能。例如，可以调整多段线的宽度和曲率。创建多段线之后，可以使用 Pedit 命令对其进行编辑，或者使用 Explode 命令将其转换成单独的直线段和弧线段。

2. 访问方法

（1）单击功能区：默认标签→绘图面板→多段线。
（2）选择菜单："绘图（D）"→"多段线（P）"。
（3）单击绘图工具栏中的 ⤴ 按钮。
（4）输入 Pline 或别名 PL。

3. 提示列表

将显示以下提示：

指定起点:
当前线宽为 <当前值>:
指定下一个点或 [圆弧(A)/关闭(C)/半宽(H)/长度(L)/放弃(U)/宽度(W)]: 指定点或输入选项

4. 说明

（1）用直线方式绘制二维多段线。

当提示"指定起点:"时,可直接指定点或按回车键从上一条绘制的直线、二维多段线或圆弧继续绘制。

"指定下一个点"指定一点后,系统接着提示。

圆弧(A):使用 Pline 命令从绘制直线方式切换到绘制圆弧的方式。

关闭(C):绘制由当前位置到二维多段线起点的直线段,构成一个封闭图形,并结束 Pline 命令。

半宽(H):输入的数值为线宽的一半,后续提示为:

> 指定起点半宽 <默认值>:
> 指定端点半宽 <默认值>:

长度(L):绘制以前一条线段的末端为始点、指定长度的线段。当前一条线段为直线时,绘制的直线段与其方向相同;当前一条线段为弧线时,绘制出的直线段与该弧线相切。

放弃(U):放弃最后绘制的线段,它可重复使用,直至全部放弃。

宽度(W):输入的数值为二维多段线的线宽。后续提示与半宽(H)类似。当给定二维多段线的线宽后,二维多段线的起点与终点坐标位于线宽的中心。

(2)用圆弧方式绘制二维多段线。在直线方式绘制二维多段线提示中,选择圆弧(A)选项后,出现圆弧方式绘制二维多段线。

指定圆弧的端点或[角度(A)/圆心(CE)/闭合(CL)/方向(D)/半宽(H)/直线(L)/半径(R)/第二个点(S)/放弃(U)/宽度(W)]:输入圆弧的另一端点。输入一点后,系统以当前线宽和线型绘制二维多段线。

角度(A):输入圆弧所对应的圆心夹角,绘制圆弧。

圆心(CE):给定圆心绘制圆弧。此时,绘制的圆弧不一定与上一线段保持相切。

闭合(CL):绘制从当前位置到二维多段线起点的圆弧线段,构成封闭图形,并结束 Pline 命令。

方向(D):根据圆弧起点的切线方向绘制圆弧。此时,绘制的圆弧不一定与上一线段保持相切。

直线(L):由圆弧绘制方式转变为直线绘制方式。

半径(R):根据半径绘制圆弧。

第二个点(S):用三点方式绘制圆弧,第一点为二维多段线上一端点,可继续输入第二、第三点。

5. 举例

绘制一条二维多段线,如图 2-2 所示。操作过程如下:

> 命令: **PL↵** (输入画二维多段线命令)
> 指定起点: **30,50↵**
> 当前线宽为 0.0000
> 指定下一个点或 [圆弧(A)/半宽(H)/长度(L)/放弃(U)/宽度(W)]: **w↵** (选择设置线宽度选项)
> 指定起点宽度 <0.0000>: **2↵**
> 指定端点宽度 <2.0000>: **↵** (按回车键,用默认值,宽度为2)
> 指定下一个点或 [圆弧(A)/半宽(H)/长度(L)/放弃(U)/宽度(W)]: **0,16↵** (DYN 关闭时,输

入 30,66）

指定下一点或 [圆弧(A)/闭合(C)/半宽(H)/长度(L)/放弃(U)/宽度(W)]: **w↵**

指定起点宽度 <2.0000>: **0↵**

指定端点宽度 <0.0000>: **↵**

指定下一点或 [圆弧(A)/闭合(C)/半宽(H)/长度(L)/放弃(U)/宽度(W)]: **20,0↵**（DYN 关闭时，输入 50,66）

指定下一点或 [圆弧(A)/闭合(C)/半宽(H)/长度(L)/放弃(U)/宽度(W)]: **w↵**

指定起点宽度 <0.0000>: **4↵**

指定端点宽度 <4.0000>: **0↵**

指定下一点或 [圆弧(A)/闭合(C)/半宽(H)/长度(L)/放弃(U)/宽度(W)]: **10,0↵**（DYN 关闭时，输入 60,66）

指定下一点或 [圆弧(A)/闭合(C)/半宽(H)/长度(L)/放弃(U)/宽度(W)]: **a↵**（选择画圆弧选项）

指定圆弧的端点或

[角度(A)/圆心(CE)/闭合(CL)/方向(D)/半宽(H)/直线(L)/半径(R)/第二个点(S)/放弃(U)/宽度(W)]: **0,-16↵**（DYN 关闭时，输入 60,50）

指定圆弧的端点或

[角度(A)/圆心(CE)/闭合(CL)/方向(D)/半宽(H)/直线(L)/半径(R)/第二个点(S)/放弃(U)/宽度(W)]: **L↵**

指定下一点或 [圆弧(A)/闭合(C)/半宽(H)/长度(L)/放弃(U)/宽度(W)]: **c↵**（闭合所画多段线并结束画二维多段线命令）

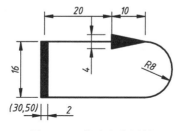

图 2-2　二维多段线图例

2.3　Circle 画圆命令

1．功能

创建圆。在 AutoCAD 中可以使用多种方法创建圆，默认方法是指定圆心和半径。

2．访问方法

（1）单击功能区：默认标签→绘图面板→圆。

（2）选择菜单："绘图（D）"→"圆（C）"。

（3）单击绘图工具栏中的按钮。

（4）输入 Circle 或别名 C。

3．说明

Circle 命令提供了 6 种画圆方式：
（1）圆心和半径画圆。
（2）定圆心和直径画圆。
（3）两点（2P）画圆。
（4）三点（3P）画圆。
（5）相切、相切、半径（T）画圆。
（6）相切、相切、相切画圆。
功能区圆的子命令列表如图 2-3 所示。

图 2-3　功能区圆的子命令列表

4．举例

用画圆 Circle 命令绘制如图 2-4 所示的圆，操作过程如下：

命令：*c*↙　（输入画圆命令别名 C，不区分大小写）
CIRCLE 指定圆的圆心或 [三点(3P)/两点(2P)/相切、相切、半径(T)]：*150,150*↙（指定圆心）
指定圆的半径或 [直径(D)] <0.0000>：*100*↙（给定半径 100，画出圆 a）
命令：↙　（按回车键，重复画圆命令）
CIRCLE 指定圆的圆心或 [三点(3P)/两点(2P)/相切、相切、半径(T)]：*3p*↙（用 3P 三点画圆 b）
指定圆上的第一个点：*拾取点 1*（或输入 100,100）（默认时对象捕捉端点是开启的）
指定圆上的第二个点：*拾取点 2*（或输入 100,0）（动态输入 DYN 关闭时，输入 200,100）
指定圆上的第三个点：*拾取点 3*（或输入 0,100）（动态输入时 DYN 关闭时，输入 200,200）
命令：↙　（按回车键，重复画圆命令）
CIRCLE 指定圆的圆心或 [三点(3P)/两点(2P)/相切、相切、半径(T)]：*2p*↙（用 2P 两点画圆 c）
指定圆直径的第一个端点：*225,150*↙
指定圆直径的第二个端点：*20,0*↙（DYN 关闭时，输入 245,150）
命令：↙　（按回车键，重复画圆命令）
CIRCLE 指定圆的圆心或 [三点(3P)/两点(2P)/相切、相切、半径(T)]：*t*↙（用相切、相切、半径方式画圆 d）
指定对象与圆的第一个切点：*拾取线段 12*（具体操作为移动光标到线段 12 附近时，光标处出现黄色的相切导航图标，若光标悬停会出现"递延切点"提示，单击鼠标左键）
指定对象与圆的第二个切点：*拾取线段 13*
指定圆的半径 <10.0000>：↙（按回车键，使用<>中的默认值 10 为半径）

用"相切、相切、相切"方式，画三角形 123 的内切圆 e。方法如下：
单击功能区的"默认标签"→"绘图面板"→"圆下的箭头▼"，在展开的列表中单击 ⊙ 相切,相切,相切，然后依次拾取线段 12、23、13，结果如图 2-4 所示。

注意：用"相切、相切、半径"画圆和用三个相切关系画圆时，拾取递延切点的位置对要画圆的位置是有影响的，如图 2-5 所示。

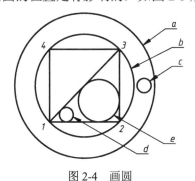
图 2-4 画圆

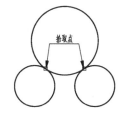 
图 2-5 用"相切、相切、半径"画圆拾取位置的影响

2.4 Arc 画圆弧命令

1．功能

创建圆弧，可以指定圆心、端点、起点、半径、角度、弦长和方向值的各种组合形式绘制圆弧。

2．访问方法

（1）单击功能区：默认标签→绘图面板→圆弧。
（2）选择菜单："绘图（D）"→"圆弧（A）"。
（3）单击绘图工具栏中的 按钮。
（4）输入 Arc 或别名 A。

3．提示列表

将显示以下提示：

指定圆弧的起点或 [圆心(C)]: 指定点、输入 c 或按回车键以开始绘制上一条直线、圆弧或多段线的切线。

4．说明

单击功能区的"默认标签"→"绘图面板"→"圆弧下的箭头▼"，弹出绘制圆弧列表，如图 2-6 所示，有 11 种方式。AutoCAD 系统规定：

（1）从始点到终点逆时针方向画弧。
（2）夹角为正值时，按逆时针方向画弧；夹角为负值时，按顺时针方向画弧；角度值以度为单位。
（3）弦长为正值时，绘制一小段圆弧（小于 180°）；弦长为负值时，绘制一大段圆弧。
（4）半径为正值时，绘制一小段圆弧（小于 180°）；半径为负值时，绘制一大段圆弧。

图 2-6 画圆弧方式

5. 举例

绘制两段圆弧，其中，圆弧 1 起点为（70,240）、过点（50,250）、终点为（10,240），圆弧 2 与圆弧 1 相切，切点为（10,240）、终点为（10,210），如图 2-7 所示，操作步骤如下：

命令: _A↵_ （输入圆弧命令的别名 A）
ARC 指定圆弧的起点或 [圆心(C)]: _70,240↵_ （给定圆弧 1 起点）
指定圆弧的第二个点或 [圆心(C)/端点(E)]: _-20, 10↵_ （DYN 关闭时，输入 50,250）（3 点画弧的第 2 点）
指定圆弧的端点: _-40, -10↵_ （DYN 关闭时，输入 10,240）（3 点画弧的第 3 点）
命令: _↵_ （重复画圆弧命令）
ARC 指定圆弧的起点或 [圆心(C)]: _↵_ （圆弧 2 的起点与上一个圆弧 1 的末点重合，且画两圆弧会相切）
指定圆弧的端点: _0, -30↵_ （DYN 关闭时，输入 10,210）

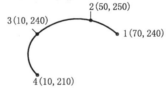

图 2-7 绘制圆弧

其他画圆方式，读者可自己上机练习。

2.5 Rectang 画矩形命令

1. 功能

创建矩形形状的闭合多段线。可以指定长度、宽度、面积和旋转参数，还可以控制矩形上角点的类型（圆角、倒角或直角）。

2. 访问方法

（1）单击功能区：默认标签→绘图面板→矩形下拉列表→矩形 ▭ 按钮。
（2）选择菜单："绘图（D）"→"矩形"。
（3）单击绘图工具栏中的 ▭ 按钮。
（4）输入 Rectang 或别名 REC。

3. 提示列表

将显示以下提示：

指定第一个角点或 [倒角(C)/标高(E)/圆角(F)/厚度(T)/宽度(W)]:
指定另一个角点或 [面积(A)/尺寸(D)/旋转(R)]:

4. 说明

指定第一个角点：指定矩形的一个角点。

指定另一个角点：使用指定的点作为对角点创建矩形。

倒角（C）：设定矩形的倒角距离。

标高（E）：指定矩形的标高。

圆角（F）：指定矩形的圆角半径。

厚度（T）：指定矩形的厚度。

宽度（W）：为要绘制的矩形指定多段线的宽度。

面积（A）：使用面积与长度或宽度创建矩形。如果"倒角"或"圆角"选项被激活，则区域将包括倒角或圆角在矩形角点上产生的效果。

尺寸（D）：使用长和宽创建矩形。

旋转（R）：按指定的旋转角度创建矩形。

5. 举例

绘制两个矩形，第一个矩形的第一角点为（260,50），第二角点为（300,80），倒圆角半径为5，线宽为0.5；第二个矩形的第一角点为（350,100），第二角点为（380,90），倒角距离均为5，线宽为0，与 X 轴的夹角为30°，如图2-8所示，操作步骤如下：

命令：*REC↵*（输入创建矩形命令的别名 REC）
RECTANG
当前矩形模式： 圆角=0.0000
指定第一个角点或 [倒角(C)/标高(E)/圆角(F)/厚度(T)/宽度(W)]：*F↵*（选择圆角选项）
指定矩形的圆角半径 <0.0000>：*8↵*（给定圆角半径）
指定第一个角点或 [倒角(C)/标高(E)/圆角(F)/厚度(T)/宽度(W)]：*W↵*（选择宽度选项）
指定矩形的线宽 <0.0000>：*0.5↵*（给定线宽）
指定第一个角点或 [倒角(C)/标高(E)/圆角(F)/厚度(T)/宽度(W)]：*260,50↵*（给定第一个角点）
指定另一个角点或 [面积(A)/尺寸(D)/旋转(R)]：*60,30*（DYN 关闭时，输入 320,80）
绘制出第一个圆角矩形。

命令：*↵*（按回车键，重复矩形命令）
RECTANG
当前矩形模式： 圆角=8.0000 宽度=0.5000
指定第一个角点或 [倒角(C)/标高(E)/圆角(F)/厚度(T)/宽度(W)]：*C↵*（选择倒角选项）
指定矩形的第一个倒角距离 <8.0000>：*5↵*
指定矩形的第二个倒角距离 <8.0000>：*5↵*
指定第一个角点或 [倒角(C)/标高(E)/圆角(F)/厚度(T)/宽度(W)]：*W↵*（选择宽度选项）
指定矩形的线宽 <0.5000>：*0↵*（给定线宽）
指定第一个角点或 [倒角(C)/标高(E)/圆角(F)/厚度(T)/宽度(W)]：*350,50↵*（给定第一个角点）
指定另一个角点或 [面积(A)/尺寸(D)/旋转(R)]：*R↵*（选择旋转选项）
指定旋转角度或 [拾取点(P)] <0>：*30↵*（给定旋转角度30°）
指定另一个角点或 [面积(A)/尺寸(D)/旋转(R)]：*30,40*（DYN 关闭时，输入 380,90）

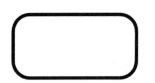

图 2-8　绘制圆角矩形和倒角矩形

2.6　Polygon 画正多边形命令

1．功能

创建等边闭合多段线。用它可以快速创建等边多边形。

2．访问方法

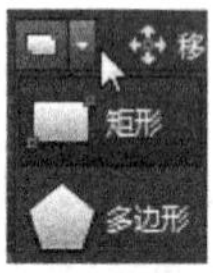

（1）单击功能区：默认标签→绘图面板→矩形下拉菜单→多边形按钮，如图 2-9 所示。

（2）选择菜单："绘图（D）"→"多边形（Y）"。

（3）单击绘图工具栏中的按钮。

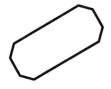

图 2-9　功能区多边形工具

（4）输入 Polygon 或别名 POL。

3．举例

图 2-10　绘制正多边形

绘制一正六边形，其中心坐标为（300,170），外接圆半径为 20；再绘制一个与正六边形同中心的正三角形，内切圆半径为 20，如图 2-10 所示。操作步骤如下：

```
命令：POL↙（输入创建正多边形命令）
Polygon 输入边的数目 <4>：6↙　（给定正多边形边数）
指定正多边形的中心点或 [边(E)]：300,170↙
输入选项 [内接于圆(I)/外切于圆(C)] <I>：↙（用内接于圆法）
指定圆的半径：20↙
命令：↙（重复正多边形命令）
Polygon 输入侧面数 <6>：3↙（给定正多边形边数）
指定正多边形的中心点或 [边(E)]：300,170↙
输入选项 [内接于圆(I)/外切于圆(C)] <I>：C↙（用外切于圆法）
指定圆的半径：20↙
```

提示：用定点设备指定半径，决定正多边形的旋转角度和尺寸。指定半径值将以当前捕捉旋转角度绘制正多边形的底边。

2.7 Ellipse 画椭圆和椭圆弧命令

1. 功能

创建等边闭合多段线。用它可以快速创建等边多边形。

2. 访问方法

(1) 单击功能区：默认标签→绘图面板→椭圆 圆心、 轴,端点、 椭圆弧（见图 2-11）。
(2) 选择菜单："绘图（D）"→"椭圆（E）"。
(3) 单击绘图工具栏中的 、 按钮。
(4) 输入 Ellipse 或别名 EL。

3. 举例

例 1 绘制由坐标（20,230）、(60,230) 和一半轴长度 10 所确定的椭圆，如图 2-12 所示。

图 2-11 功能区椭圆和椭圆弧工具 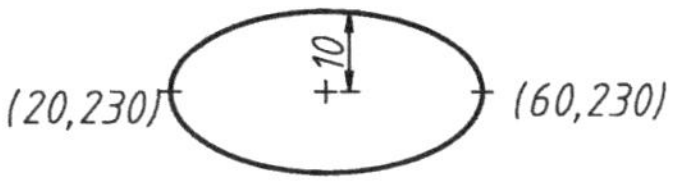　　图 2-12 由两点和一半轴长度画椭圆

操作步骤如下：

> 命令：**EL↵**（输入创建椭圆命令）
> Ellipse
> 指定椭圆的轴端点或 [圆弧(A)/中心点(C)]：**20,230↵**
> 指定轴的另一个端点：**@40,0↵**
> 指定另一条半轴长度或 [旋转(R)]：**10↵**

提示：根据两个端点定义椭圆的第一条轴。第一条轴的角度确定了整个椭圆的角度。第一条轴既可定义椭圆的长轴也可定义短轴。

例 2 绘制中心坐标为（260,250），一个半轴的端点坐标为（290,270），另一个半轴的端点坐标为（250,268）的椭圆，如图 2-13 所示。

操作步骤如下：

单击功能区的 圆心 按钮，命令行提示如下：

> 命令：_ellipse
> 指定椭圆的轴端点或 [圆弧(A)/中心点(C)]：_c
> 指定椭圆的中心点：**260,250↵**（给定椭圆的中心点）
> 指定轴的端点：**@30,20↵**（给定轴的端点）
> 指定另一条半轴长度或 [旋转(R)]：**#250,268↵**（给定另一条半轴的端点）

例3 绘制由坐标（50,10），（60,20），（48,24）三点所确定的椭圆，如图 2-14 所示。

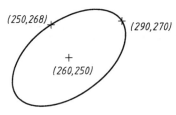
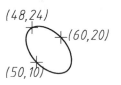

图 2-13　由中心和两点画椭圆　　　图 2-14　由三点画椭圆

操作步骤如下：

单击功能区的 按钮，输入和命令行提示如下：

```
命令: _ellipse
指定椭圆的轴端点或 [圆弧(A)/中心点(C)]: 50,10↵
指定轴的另一个端点: #60,20↵
指定另一条半轴长度或 [旋转(R)]: #48,24↵
```

提示：椭圆上的前两个点确定第一条轴的位置和长度。第三个点确定椭圆的圆心与第二条轴的端点之间的距离。

椭圆弧的绘制方法可参阅 AutoCAD 提供的提示和帮助。

2.8　Spline 画样条曲线命令

1. 功能

创建经过或靠近一组拟合点或由控制框的顶点定义的平滑曲线。

2. 访问方法

（1）单击功能区：默认标签→绘图面板→样条曲线 、 按钮。

（2）选择菜单："绘图（D）"→"样条曲线（S）"。

（3）单击 绘图工具栏中的 按钮。

（4）输入 Spline 或别名 SPL。

3. 说明

Spline 创建称为非均匀有理 B 样条曲线（NURBS），为简便起见，称为样条曲线。它适合绘制不规则变化的曲线，如波浪线、等高线等。

AutoCAD 2018 提供了两种方法，即使用拟合点或控制点定义样条曲线，如图 2-15 所示。在默认情况下，拟合点与样条曲线重合，而控制点定义控制框。控制框提供了一种便捷的方法，用来设置样条曲线的形状，每种方法都有其优点。

图 2-15 样条曲线

要显示或隐藏控制点和控制框,可选择或取消选择样条曲线,或使用 CVSHOW 和 CVHIDE。

4．举例

例 1 绘制通过坐标点(60,280),(80,270),(80,250),(100,240)的样条线,如图 2-16 所示。

操作过程如下所述。

单击功能区绘图右边的 ▼ 箭头(展开的绘图面板见图 2-17),单击 ⌒ 按钮,输入和命令行提示如下:

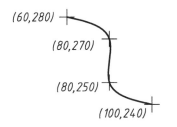

图 2-16 用拟合方式绘制样条线

图 2-17 展开的绘图面板

命令:_SPLINE
当前设置: 方式=拟合　　节点=弦
指定第一个点或 [方式(M)/节点(K)/对象(O)]:_M
输入样条曲线创建方式 [拟合(F)/控制点(CV)] <拟合>:_FIT
当前设置: 方式=拟合　　节点=弦
指定第一个点或 [方式(M)/节点(K)/对象(O)]: **<u>60,280↵</u>**
输入下一个点或 [起点切向(T)/公差(L)]: **<u>@20,-10↵</u>**(DYN 关闭时,输入 80,270)
输入下一个点或 [端点相切(T)/公差(L)/放弃(U)]: **<u>@0,-20↵</u>**(DYN 关闭时,输入 80,250)
输入下一个点或 [端点相切(T)/公差(L)/放弃(U)/闭合(C)]: **<u>@20,-10↵</u>**(DYN 关闭时,输入 100,240)
输入下一个点或 [端点相切(T)/公差(L)/放弃(U)/闭合(C)]: **<u>↵</u>**

例 2 绘制由控制框的顶点坐标(22,108),(52,123),(58,88),(80,83),(117,90),(113,138),(89,113),(64,109),(45,137),(33,125)所确定的样条线,如图 2-18 所示。

操作过程如下:

按 F12 键,关闭动态输入。这时可用已给出的绝对坐标值输入。

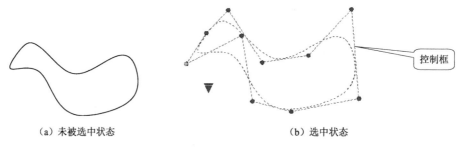

(a) 未被选中状态　　　　　　　　(b) 选中状态

图 2-18　用控制点方式绘制样条线

单击功能区绘图面板中的 按钮，输入和命令行提示如下：

命令：_SPLINE
当前设置：方式=控制点　阶数=3
指定第一个点或 [方式(M)/阶数(D)/对象(O)]：_M
输入样条曲线创建方式 [拟合(F)/控制点(CV)] <CV>：_CV
当前设置：方式=控制点　阶数=3
指定第一个点或 [方式(M)/阶数(D)/对象(O)]：*22,108*↵
输入下一个点：*33,125*↵
输入下一个点或 [放弃(U)]：*45,137*↵
输入下一个点或 [闭合(C)/放弃(U)]：*64,109*↵
输入下一个点或 [闭合(C)/放弃(U)]：*89,113*↵
输入下一个点或 [闭合(C)/放弃(U)]：*113,138*↵
输入下一个点或 [闭合(C)/放弃(U)]：*117,90*↵
输入下一个点或 [闭合(C)/放弃(U)]：*80,83*↵
输入下一个点或 [闭合(C)/放弃(U)]：*58,88*↵
输入下一个点或 [闭合(C)/放弃(U)]：*52,123*↵
输入下一个点或 [闭合(C)/放弃(U)]：*C*↵

2.9　Xline 画构造线命令

1. 功能

创建无限长的直线。可以使用无限延伸的线（如构造线）来创建构造线和参考线，并且其可用于修剪边界。可根据选项直接创建水平、垂直、与 X 轴成一定夹角的参照线，以及按指定的偏移距离，创建平行于另一个对象的参照线。

2. 访问方法

（1）单击功能区：默认标签→绘图面板→构造线 按钮。
（2）选择菜单："绘图（D）" → "构造线（T）"。

（3）单击绘图工具栏中的 按钮。

（4）输入 Xline 或别名 XL。

3．举例

例 过点（200,150），（220,150）绘制一条构造线；过点（200,180）绘制一条水平构造线；分别过点（200,150），（230,220）绘制两条构造线；过交点，绘制水平和垂直线的角平分线，如图 2-19 所示。

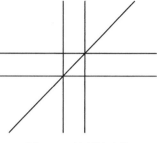

图 2-19 绘制构造线

操作过程如下：

按 F12 键，开启动态输入。

单击功能区绘图面板中的构造线 按钮，输入和命令行提示如下：

命令: _xline 指定点或 [水平(H)/垂直(V)/角度(A)/二等分(B)/偏移(O)]: **200,150↵**

指定通过点: **@20,0↵**

指定通过点: **↵**（结束构造线命令）

命令: **↵**（重复构造线命令）

XLINE 指定点或 [水平(H)/垂直(V)/角度(A)/二等分(B)/偏移(O)]: **H↵**（选择水平选项）

指定通过点: **200,180↵**

指定通过点: **↵**（结束构造线命令）

命令: **↵**（重复构造线命令）

XLINE 指定点或 [水平(H)/垂直(V)/角度(A)/二等分(B)/偏移(O)]: **V↵**（选择垂直选项）

指定通过点: **200,150↵**

指定通过点: **230,220↵**

指定通过点: （结束构造线命令）

命令: **↵**（重复构造线命令）

XLINE 指定点或 [水平(H)/垂直(V)/角度(A)/二等分(B)/偏移(O)]: **B↵**（选择二等分选项）

指定角的顶点: **拾取构造线交点**

指定角的起点: **沿水平构造线右移，拾取一点**

指定角的端点: **在垂直构造线上移，拾取一点**

指定角的端点: **↵**（结束构造线命令）

2.10　Ray 画射线命令

1．功能

创建始于一点并无限延伸的直线。与构造线一样主要用作画图的辅助线。

2. 访问方法

（1）单击功能区：默认标签→绘图面板→射线按钮。

（2）选择菜单："绘图（D）"→"射线（R）"。

（3）输入 Ray。

3. 说明

起点和通过点定义了射线延伸的方向，射线在此方向上延伸到显示区域的边界。可开启显示输入通过点的提示以便创建多条射线，按回车键结束命令。

4. 举例

例 从起点（230,150），过点（260,120）、（310,100）绘制两条射线，如图 2-20 所示。

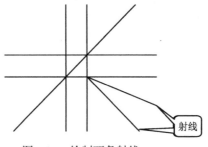

图 2-20 绘制两条射线

操作过程如下：

单击功能区绘图面板中的射线按钮，输入和命令行提示如下：

命令：_ray 指定起点：**230,150**↵
指定通过点：**@30,-30**↵（注：DYN 开启时，可不输入@）
指定通过点：**@50,-20**↵
指定通过点：↵（结束射线命令）

2.11 Point 画点命令

1. 功能

创建点对象。

2. 访问方法

（1）单击功能区：默认标签→绘图面板→多点按钮。

（2）选择菜单："绘图（D）"→"点（O）"→"单点（S）"→"多点（P）"，如图 2-21 所示。

（3）单击绘图工具栏中的按钮。

（4）输入 Point 或别名 PO。

3．说明

点在绘图中常常用来定位，作为捕捉对象的节点和相对偏移，主要是辅助图形绘制。

绘制时，可以指定点的全部三维坐标。如果省略 Z 坐标值，则假设为当前标高。

PDMODE 和 PDSIZE 系统变量可控制点对象的外观。PDMODE 的值 0、2、3 和 4 指定通过该点绘制的图形，值 1 指定不显示任何图形，如图 2-22 所示。

图 2-21　绘图点菜单

图 2-22　PDMODE 的值及其对应的点图形

将值指定为 32、64 或 96，除了绘制通过点的图形外，还可以选择在点的周围绘制图形，如图 2-23 所示。

PDSIZE 控制点图形的尺寸（PDMODE 值为 0 和 1 时除外）。它设置为 0 时将在 5%的绘图区域高度处生成点。PDSIZE 正值用于指定点图形的绝对尺寸，负值将解释为视口大小的百分比。

更改 PDMODE 和 PDSIZE 后，现有点的外观将在下次重新生成图形时更改。

使用 Ddptype 可以轻松指定点大小和样式。输入 Ddptype 命令，系统显示"点样式"对话框，如图 2-24 所示。

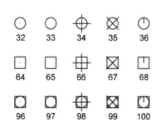

图 2-23　点周围的图形样式

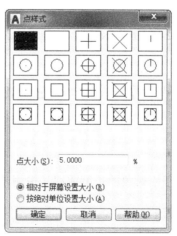

图 2-24　"点样式"对话框

绘图时绘制一个点的情况比较少，通常用 Divide 定数等分和 Measure 定距等分命令，沿对象创建点。Divide 和 Measure 只是沿对象创建点或块，并不是将对象真的进行等分。操作时可将这些点或块放在"上一个"选择集中，以便在下一个"选择对象"提示下输入 p，将这些点或块全部选中。可以在"节点"对象捕捉模式下通过捕捉点对象来绘制对象，然后可以输入 Erase Previous 删除这些点。

2.12　Divide 定数等分命令

1．功能

该命令用于创建沿对象的长度或周长等间隔排列的点对象或块。

2．访问方法

（1）单击功能区：默认标签→绘图面板→定数等分按钮。
（2）选择菜单："绘图（D）"→"点（O）"→"定数等分（D）"（如图 2-21 所示）。
（3）输入 Divide 或别名 DIV。

3．说明

用户可以沿选定对象等间距放置点对象或块，如图 2-25 所示。如果块具有可变属性，插入的块中将不包含这些属性。可指定插入块的 X 轴方向与定数等分对象在等分点相切或对齐，对齐时按其法线方向对齐块，如图 2-26 所示。

使用 Ddptype 设定图形中所有点对象的样式和大小。

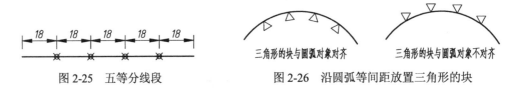

图 2-25　五等分线段　　　　图 2-26　沿圆弧等间距放置三角形的块

2.13　Measure 定距等分命令

1．功能

该命令用于沿对象的长度或周长按测定间隔创建点对象或块。

2．访问方法

（1）单击功能区：默认标签→绘图面板→测量按钮。
（2）选择菜单："绘图（D）"→"点（O）"→"定距等分（M）"（如图 2-21 所示）。
（3）输入 Measure 或别名 ME。

3．举例

例　绘制一条长 90 的直线段和一个半径为 30 的圆，用 5 单位的 点，定距 20 单位，等分线段和圆，如图 2-27 所示。

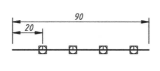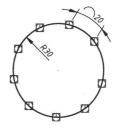

图 2-27 定距等分线段和圆

操作过程如下:

(1) 用 Line 命令绘制长 90 的水平线。

(2) 用 Circle 命令绘制半径为 30 的圆。

(3) 输入 Ddptype,在弹出的"点样式"对话框中选择右下角的 图标,选择"按绝对单位设置大小"后,单击"确定"按钮,如图 2-28 所示。

(4) 输入 **ME↵**,命令提示和输入如下:

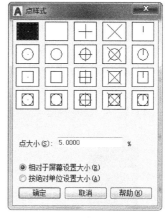

命令: ME

MEASURE

选择要定距等分的对象:***拾取直线段的左半部***

指定线段长度或 [块(B)]: ***20↵***

命令: ↵(重复 Measure 命令)

MEASURE

选择要定距等分的对象:***拾取圆***

指定线段长度或 [块(B)]: ***20↵***

图 2-28 选择点样式及设置点大小

4. 说明

(1) 用 Measure 命令的结果点或块始终位于选定对象上,其方向与 UCS 的 *XY* 平面平行。使用 Ddptype 可设置图形中所有点对象的样式和大小。

(2) 沿选定对象按指定间隔放置点对象,从最靠近用于选择对象的点的端点处开始放置。

(3) 闭合多段线的定距等分从它们的初始顶点(绘制的第一个点)处开始,如图 2-29 所示。

(4) 圆的定距等分是从设定为当前捕捉旋转角的自圆心的角度开始的。如果捕捉旋转角为零,则从圆心右侧的圆周点开始定距等分圆,如图 2-30 所示。

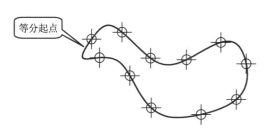 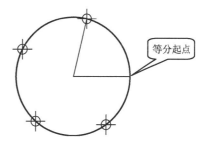

图 2-29 闭合样条线的定距等分起点　　　图 2-30 圆的定距等分起点

2.14 Revcloud 修订云线命令

1．功能

该命令是使用多段线创建修订云线。修订云线是由连续的圆弧组成的多段线，用于检查阶段提醒用户注意某个部分。

2．访问方法

（1）单击功能区：默认标签→绘图面板→修订云线 按钮。
（2）选择菜单："绘图（D）"→"修订云线（M）"。
（3）单击绘图工具栏中的 按钮。
（4）输入 Revcloud 或别名 REVC。

3．说明

图 2-31 修订云线方式

可以通过拖动光标创建新的修订云线，也可以将闭合对象（如椭圆或多段线）转换为修订云线。使用修订云线亮显要查看的图形部分。用户可设定修订云线方式：普通和手绘。手绘修订云线看起来像是用画笔绘制的。AutoCAD 2018 提供了"矩形"、"多边形"和"徒手画"三种方式，如图 2-31 所示。

4．举例

例 将半径为 50 的圆转换为修订云线，如图 2-32 所示，并设最小弧长为 15、最大弧长为 20，分别用普通和手绘方式绘制修订云线，如图 2-33 所示

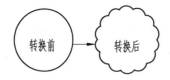

图 2-32 将圆转换为修订云线

图 2-33 用普通和手绘两种方式绘制的修订云线

操作过程如下：

（1）用 Circle 命令绘制半径为 30 的圆。
（2）单击功能区绘图面板中的修订云线徒手画 按钮，输入和命令行提示如下：

命令：_revcloud
最小弧长: 0.5   最大弧长: 0.5   样式: 普通   类型: 徒手画
指定第一个点或 [弧长(A)/对象(O)/矩形(R)/多边形(P)/徒手画(F)/样式(S)/修改(M)]
<对象>: *a↵*（输入 A，选用弧长选项）
指定最小弧长 <0.5>: *15↵*

指定最大弧长 <15>: **20**↵

指定第一个点或 [弧长(A)/对象(O)/矩形(R)/多边形(P)/徒手画(F)/样式(S)/修改(M)]

<对象>:↵（按回车键，选用对象选项）

选择对象: **拾取圆**（即将光标移到圆周上，按鼠标左键）

反转方向 [是(Y)/否(N)]<否>:↵（按回车键，选择否）

修订云线完成（圆转变为修订云线）。

命令:↵（按回车键，重复 Revcloud 命令）

REVCLOUD

最小弧长: 15　最大弧长: 20　样式: 普通　类型: 徒手画

指定第一个点或 [弧长(A)/对象(O)/矩形(R)/多边形(P)/徒手画(F)/样式(S)/修改(M)]

<对象>: **移动光标，绘制修订云线，光标到起始点**（修订云线闭合，并结束命令）。

沿云线路径引导十字光标...

修订云线完成。

命令:↵（按回车键，重复 Revcloud 命令）

REVCLOUD

最小弧长: 15　最大弧长: 20　样式: 普通　类型: 徒手画

指定第一个点或 [弧长(A)/对象(O)/矩形(R)/多边形(P)/徒手画(F)/样式(S)/修改(M)]

<对象>: **s**↵（选择样式）

选择圆弧样式 [普通(N)/手绘(C)] <普通>:**c**↵（选择手绘样式）

手绘

指定第一个点或 [弧长(A)/对象(O)/矩形(R)/多边形(P)/徒手画(F)/样式(S)/修改(M)]<对象>:

在适当位置单击，移动光标，绘制修订云线，光标到起始点（修订云线闭合，并结束命令）。

沿云线路径引导十字光标...

修订云线完成。

注意：Revcloud 在系统注册表中存储上一次使用的弧长。在具有不同比例因子的图形中使用程序时，用 Dimscale 的值乘以此值来保持一致。

最大弧长不能大于最小弧长的 3 倍。

2.15　Region 面域命令

1. 功能

将封闭区域的对象转换为面域对象。

2. 访问方法

（1）单击功能区：默认标签→绘图面板▼按钮→面域按钮。

（2）选择菜单："绘图（D）"→"面域（N）"。

（3）输入 Region 或别名 REG。

3．说明

面域是用闭合的形状或环创建的二维区域。闭合多段线、闭合的多条直线和闭合的多条曲线都是有效的选择对象。曲线包括圆弧、圆、椭圆弧、椭圆和样条曲线。

面域之间可以进行并集 Union、差集 Subtract 和交集 Intersect 操作，组成复杂区域，如图 2-34 所示。

(a) 四个面域（三个圆，一个矩形）　　(b) 并、差结果 1　　(c) 并、差结果 2

图 2-34　面域及其并、差运算

选择的集中闭合二维多段线和分解的平面三维多段线将被转换为单独的面域，然后转换多段线、直线和曲线以形成闭合的平面环（面域的外部边界和孔）。如果有两个以上的曲线共用一个端点，得到的面域可能是不确定的。

三维建模时会用到面域，参见后面章节。其他详尽说明，请参阅 AutoCAD 的帮助文件。

4．举例

例　绘制如图 2-35 所示的图形（不标注尺寸），并将其转换为面域。

操作过程如下：

（1）用 Rectang 命令绘制长 100、宽 60 的矩形。

（2）用 Circle 命令绘制半径为 30、20、15 的圆。

（3）单击功能区绘图面板中的面域，输入和命令行提示如下：

> 命令：_region
> 选择对象：*在w1位置单击*（见图 2-36）指定对角点：*在w2位置单击* 找到 4 个
> 选择对象：↙（按回车键，结束对象选择）
> 已提取 4 个环。
> 已创建 4 个面域。

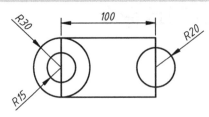
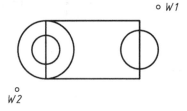

图 2-35　要绘制的矩形和三个圆　　图 2-36　光标拾取位置

关于选择对象的方法，参见第 3 章。

2.16 Donut 圆环命令

1．功能

该命令用于创建实心圆或较宽的环。

2．访问方法

（1）单击功能区：默认标签→绘图面板▼按钮→圆环◎按钮。
（2）选择菜单："绘图（D）"→"圆环（D）"。
（3）输入 Donut 或别名 DO。

3．说明

圆环由两条圆弧多段线组成，这两条圆弧多段线首尾相接形成圆形。多段线的宽度由指定的内直径和外直径决定。当内径值为零时，创建实心圆。

4．举例

例 绘制一个内径为 50、外径为 60、圆心坐标为（100,100）的圆环，以及一个内径为 0、外径为 60、圆心坐标为（200,100）的实心圆，如图 2-37 所示。

图 2-37 圆环和实心圆

操作过程如下所述。
单击功能区绘图面板中的圆环◎按钮，输入和命令行提示如下：

```
命令: _donut
指定圆环的内径 <0.5000>: 50↵
指定圆环的外径 <1.0000>: 60↵
指定圆环的中心点或 <退出>: 100,100↵
指定圆环的中心点或 <退出>:
命令: ↵（按回车键，重复 Donut 命令）
DONUT
指定圆环的内径 <50.0000>: 0↵（内径设为零）
指定圆环的外径 <60.0000>: ↵（外径为 60）
指定圆环的中心点或 <退出>: 200,100↵
指定圆环的中心点或 <退出>: ↵
```

2.17 Wipeout 区域覆盖命令

1．功能

该命令用于创建区域覆盖对象，并控制是否将区域覆盖框架显示在图形中。

2．访问方法

（1）单击功能区：默认标签→绘图面板▼按钮→区域覆盖▭按钮。
（2）选择菜单："绘图（D）"→"区域覆盖（W）"。
（3）输入 Wipeout 或别名 WIP。

3．说明

Wipeout 命令可根据一系列点确定区域覆盖对象的多边形边界，也可以根据选定的多段线确定区域覆盖对象的多边形边界。根据创建的多边形区域，将用当前背景色屏蔽其下面的对象。此覆盖区域以线框为边界，用户可以打开该线框进行编辑，也可以关闭该线框进行打印。

4．举例

例 以坐标点（100,100）、（200,100）、（150,60）组成三角形覆盖区域，覆盖刚绘制的圆环，如图 2-38 所示。

图 2-38　区域覆盖

操作过程如下所述。

单击功能区绘图面板中的区域覆盖▭，输入和命令行提示如下：

> 命令: _wipeout 指定第一点或 [边框(F)/多段线(P)] <多段线>: **100,100**↵（也可拾取圆环圆心）
> 指定下一点: **200,100**↵（也可拾取实心圆圆心）
> 指定下一点或 [放弃(U)]: **150,60**↵
> 指定下一点或 [闭合(C)/放弃(U)]: ↵

习 题

2-1. 绘制下列图形。

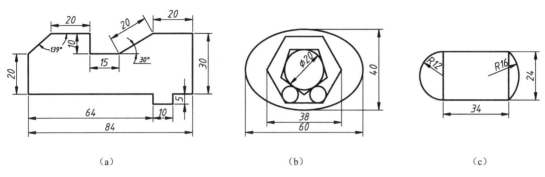

图 2-39 习题 2-1 图

2-2. 绘制下列电路符号（提示：用 Pline 命令画）。

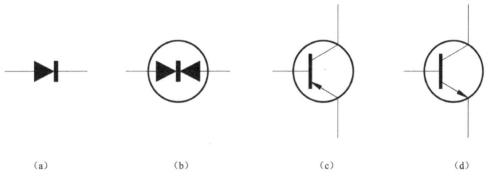

图 2-40 习题 2-2 图

第 3 章 二维绘图修改

AutoCAD 提供了非常强大的修改编辑功能，用户使用它可以灵活、方便、快速、准确、高效地绘制出所需的图样。

修改对象时，首先应该明白要进行什么样的修改操作，是删除、复制或是修改已有对象的属性（如所在的层、线型、颜色……）等，然后发出相应的命令。

进行修改操作的一般步骤如下：
(1) 发出修改命令。
(2) 选定对象。
(3) 输入适当的参数或选取点。
(4) 执行修改功能。

3.1 选择对象的方式

3.1.1 选择对象的选项

所有的修改命令和查询命令都需选定对象。在"选择对象："提示下，光标由十字变成小方框"▫"（称为拾取框），移动拾取框在要选择的对象上，单击鼠标左键，则该被选中的对象就醒目显示（一般变虚），之后系统又出现"选择对象："提示，用户可以接着选取对象或按回车键结束选择。

在"选择对象："提示下输入"?"可查看选择对象的所有选项，具体如下：

窗口（W）/上一个（L）/窗交（C）/框选（BOX）/全部（ALL）/栏选（F）/圈围（WP）/圈交（CP）/编组（G）/添加（A）/删除（R）/多选（M）/上一个（P）/放弃（U）/自动（AU）/单选（SI）/子对象（SU）/对象（O）。

各项含义如下所述。

(1) 窗口（W）：选择矩形（由两点定义）中的所有对象，如图 3-1（a）所示。从左到右指定角点创建窗口选择（从右到左指定角点则创建窗交选择）。

(2) 上一个（L）：选择最近一次创建的可见对象。

(3) 窗交（C）：选择区域（由两点确定）内部或与之相交的所有对象，如图 3-1（b）所示。窗交显示的方框为虚线或高亮度方框，这与窗口选择框不同。从左到右指定角点创建窗交选择（从右到左指定角点则创建窗口选择）。

(4) 框选（BOX）：选择矩形（由两点确定）内部或与之相交的所有对象。如果矩形的点是从右至左指定的，框选与窗交等同。否则，框选与窗选等同。

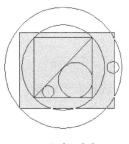 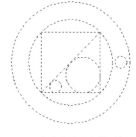 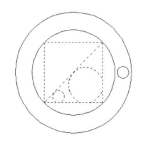

(a) 窗口大小　　　　　　　(b) 窗交方式选中的对象　　　　　(c) 窗口方式选中的对象

图 3-1　窗口、窗交方式选择对象

（5）全部（ALL）：选择解冻图层上的所有对象。

（6）栏选（F）：选择与选择栏相交的所有对象。栏选方法与圈交方法相似，只是栏选不闭合，并且栏选可以与自己相交。栏选不受 PICKADD 系统变量的影响。

（7）圈围（WP）：选择多边形（通过待选对象周围的点定义）中的所有对象。该多边形可以为任意形状，但不能与自身相交或相切。圈围不受 PICKADD 系统变量的影响。

（8）圈交（CP）：选择多边形（通过在待选对象周围指定点来定义）内部或与之相交的所有对象。该多边形可以为任意形状，但不能与自身相交或相切。圈交不受 PICKADD 系统变量的影响。

（9）编组（G）：选择指定组中的全部对象。

（10）添加（A）：切换到"添加"模式。可以使用任何对象选择方法将选定对象添加到选择集中。"自动"和"添加"为默认模式。

（11）删除（R）：切换到"删除"模式。可以使用任何对象选择方法从当前选择集中删除对象。"删除"模式的替换模式是在选择单个对象时按下 Shift 键，或者是使用"自动"选项。

（12）多选（M）：指定多次选择而不高亮显示对象，从而加快对复杂对象的选择过程。如果两次指定相交对象的交点，"多选"也将选中这两个相交对象。

（13）上一个（P）：选择最近创建的选择集。从图形中删除对象将清除"上一个"选项设置。

（14）放弃（U）：放弃选择最近加到选择集中的对象。

（15）自动（AU）：切换到自动选择。指向一个对象即可选择该对象。指向对象内部或外部的空白区，将形成框选方法定义的选择框的第一个角点。"自动"和"添加"为默认模式。

（16）单选（SI）：切换到"单选"模式。选择指定的第一个或第一组对象而不继续提示进一步选择。

（17）子对象（SU）：使用户可以逐个选择原始形状，这些形状是复合实体的一部分或三维实体上的面、线、顶点，如图 3-2 所示。可以选择这些子对象的其中之一，也可以创建多个子对象的选择集。选择集可以包含多种类型的子对象。按住 Ctrl 键操作与选择 Select 命令的"子对象"选项相同。

图 3-2　选择三维实体的面、线、顶点

（18）对象（O）：结束选择子对象的功能。使用户可以使用对象选择方法。

3.1.2 选择对象的方法

1)逐个选择对象

在"选择对象"提示下,用户可以选择一个对象,也可以逐个选择多个对象。按住 Shift 键并再次选择对象,可以将其从当前选择集中删除。

2)选择多个对象

在"选择对象"提示下,可以同时选择多个对象。用"窗口(W)/上一个(L)/窗交(C)/框(BOX)/全部(ALL)/栏选(F)/圈围(WP)/圈交(CP)/"选项选择对象。

3)防止对象被选中

可以通过锁定图层来防止指定图层上的对象被选中和修改。

4)按照特性选择对象

用快速选择 Qselect 命令,可以使用对象特性或对象类型将对象包含在选择集中或排除对象。可以通过绘图区右键菜单(如图 3-3 所示)或单击"常用标签"→"实用工具面板"→"快速选择",选择 Qselect 快速选择命令。"快速选择"对话框如图 3-4 所示。

图 3-3 绘图区右键菜单

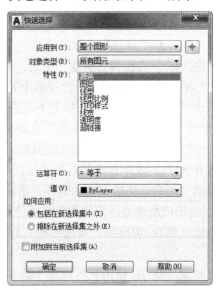

图 3-4 "快速选择"对话框

5)自定义对象选择

通过"选项"对话框中的"选择集"选项卡(如图 3-5 所示)可以控制选择对象的几个方面(例如,是先输入命令还是先选择对象、拾取框光标的大小,以及选定的对象的显示方式)。通过绘图区的右键菜单,可开启"选项"对话框。

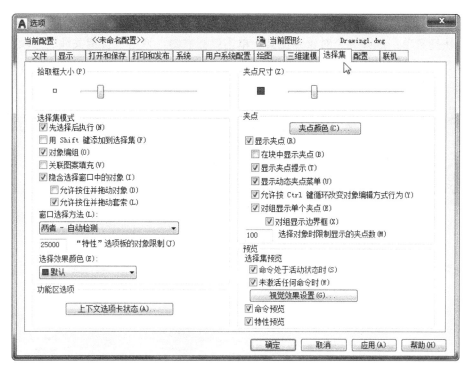

图 3-5 "选项"对话框"选项集"选项卡

6)编组对象

编组是保存的对象集,可以根据需要同时选择和编辑这些对象,也可以分别进行。编组提供了以组为单位操作图形元素的简单方法。

提示:用户不想将编组与布尔运算结合时,编组在关联三维实体方面有用。

3.1.3 选择对象的相关命令

Properties:控制现有对象的特性。
Qselect:根据过滤条件创建选择集。
Select:将选定对象置于"上一个"选择集中。
Classicgroup:打开传统"对象编组"对话框。
Group:创建和管理已保存的对象集(称为编组)。

3.2 修改对象的方法

AutoCAD 2018 提供了以下修改对象的方法。
(1)命令行:输入命令,然后选择要修改的对象,或者先选择对象,然后输入命令。
(2)图标按钮:单击功能区修改面板按钮、修改工具栏按钮(如图 3-6 所示),输入命令。

（3）下拉菜单：从"修改"下拉菜单（如图3-6所示）中选择输入命令。
（4）快捷菜单：选择一个对象并在其上单击鼠标右键，弹出包含相关编辑选项的快捷菜单，如图3-7所示。

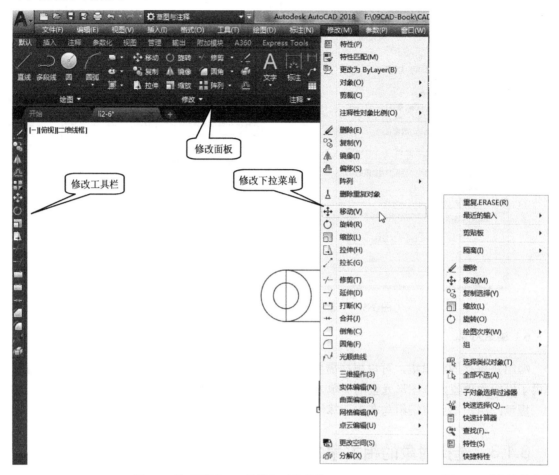

图3-6 修改面板、工具栏和下拉菜单　　　　　　　　图3-7 对象快捷菜单

（5）双击：双击对象，弹出"特性"选项板，修改对象属性。
（6）夹点：夹点显示在选定对象的战略点上。

3.2.1　使用夹点修改对象

对象夹点（Grips）是控制对象方向、位置、大小和区域的特殊点。通过夹点可以将命令和对象选择结合起来，从而提高编辑速度。在未启动任何命令的情况下，只要用光标选取对象，则被选中的对象就会变虚并显示出其夹点（默认是蓝色框），如图3-8所示。若再选取对象上的夹点（被选中的夹点称为热夹点或活动夹点，默认是红色），则进入夹点编辑操作，可以进行拉伸、移动、旋转、缩放或镜像操作；也可不选择夹点直接进行一般的编辑操作，如删除等。执行某一命令或按Esc键，夹点消失，对象恢复常态显示。

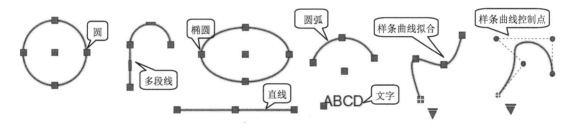

图 3-8 常见对象的夹点

1. 用夹点能实现的操作

（1）单击线段的端部夹点，可拉伸、拉长该线段，如图 3-9 所示。单击圆、椭圆的象限点，可拉伸半径，如图 3-10 所示。

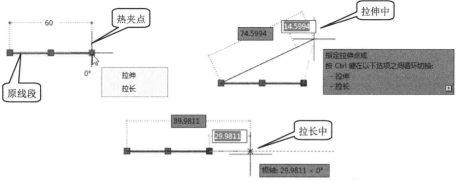

图 3-9 用夹点拉伸、拉长线段

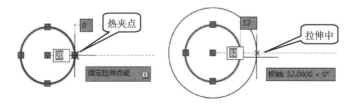

图 3-10 用夹点拉伸圆半径

（2）单击线段的中间夹点，圆、圆弧、椭圆的圆心可以直接平移，如图 3-11 所示。

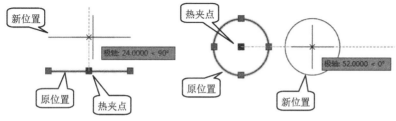

图 3-11 用夹点平移线段和圆

（3）如两对象在端点重合，则单击重合夹点时两夹点同时被选中，如图 3-12 所示。

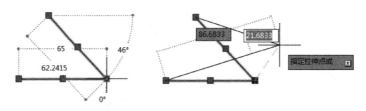

图 3-12 用重合夹点拉伸

（4）按住 Shift 键不放可选多个夹点；按住 Ctrl 键不放选夹点，可复制选定的对象，如图 3-13 所示。

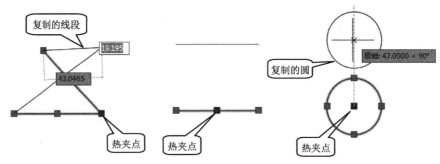

图 3-13 按 Shift 键选择多个夹点和按 Ctrl 键复制对象

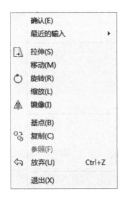

图 3-14 夹点的快捷菜单

（5）选择热夹点后，按鼠标右键弹出快捷菜单。如果选中直线段单个的端点夹点，右键菜单如图 3-14 所示（从中可以选择要进行的操作）。

（6）选中夹点后，按回车键，命令行依次显示如下：

```
** 拉伸 **
指定拉伸点或 [基点(B)/复制(C)/放弃(U)/退出(X)]:
** 移动 **
指定移动点或 [基点(B)/复制(C)/放弃(U)/退出(X)]:
** 旋转 **
指定旋转角度或 [基点(B)/复制(C)/放弃(U)/参照(R)/退出(X)]:
** 比例缩放 **
指定比例因子或 [基点(B)/复制(C)/放弃(U)/参照(R)/退出(X)]:
** 镜像 **
指定第二点或 [基点(B)/复制(C)/放弃(U)/退出(X)]:
```

（7）所有的热夹点命令都含有"复制"和选择"基点"功能。

2. 用夹点编辑多段线

用 Pline 多段线、Polygon 多边形、Rectang 矩形、Revcloud 修订云线命令创建的对象都是二维多段线。

多段线夹点提供一些特定于夹点的选项，具体取决于：

（1）夹点的位置（顶点或中点）。

(2) 线段类型（直线或圆弧）。

(3) 多段线类型（标准、曲线拟合或样条曲线拟合）。

通过夹点可编辑多段线中的拉伸端点，还可使多段线中的直线段变为圆弧、圆弧变为直线段和添加顶点，如图 3-15 所示。

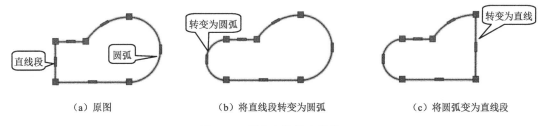

图 3-15 用夹点编辑多段线

下面以 50×30 的矩形（用 Rectang 命令创建）为例，介绍操作方法，操作过程如下：

(1) 单击矩形，矩形被选中并显示若干蓝色小方块。

(2) 光标移至线段中点夹点，出现快捷菜单，如图 3-16（a）所示。

(3) 选择"添加顶点"，如图 3-16（b）所示。

(4) 右移光标 20（如图 3-16（c）所示），单击，添加一个顶点，如图 3-16（d）所示。

(5) 光标移至左边线中点，在出现的快捷菜单中选择"转换为圆弧"，如图 3-16（e）所示。

(6) 左移光标 15（如图 3-16（f）所示），单击，左边线转变为圆弧。

(7) 单击上边直线的中夹点（如图 3-16（g）所示），光标向上平移 18（如图 3-16（h）所示），单击，结果如图 3-16（i）所示。

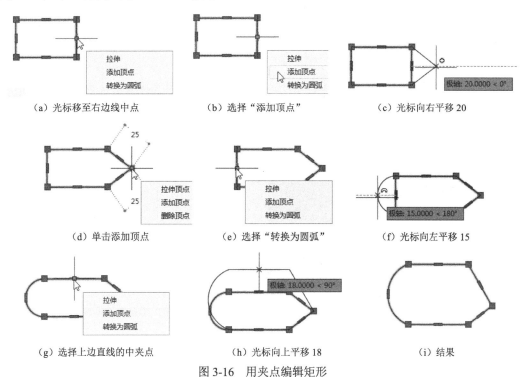

图 3-16 用夹点编辑矩形

3．使用夹点进行拉伸的技巧

（1）当选择对象上的多个夹点来拉伸对象时，选定夹点间对象的形状将保持原样。要选择多个夹点，按住 Shift 键，然后选择适当的夹点。

（2）文字、块参照、直线中点、圆心和点对象上的夹点将移动对象而不是拉伸它。

（3）当二维对象位于当前 UCS 之外的其他平面上时，将在创建对象的平面上（而不是当前 UCS 平面上）拉伸对象。

（4）如果选择象限夹点来拉伸圆或椭圆，然后在输入新半径命令提示下指定距离（而不是移动夹点），此距离是指从圆心而不是从选定的夹点测量的距离。

注意：（1）锁定图层上的对象不显示夹点。

（2）选择多个共享重合夹点的对象时，可以使用夹点模式编辑这些对象。但是，任何特定于对象或夹点的选项将不可用。

4．夹点的控制和参数的选定

夹点的控制和参数的选定，参照图 3-5 所示的"选项"对话框"选项集"选项卡（可用 Ddgrips 命令打开），各项说明参阅 AutoCAD 的帮助。

3.2.2 双击修改对象

双击对象以显示"特性"选项板，或者在某些情况下，将显示一个与该类对象相关的对话框或编辑器（通过自定义 CUIx 文件并将其加载到程序中，可以为每种对象类型指定双击动作。）

例如，双击半径 25、圆心（100,100）的圆，将显示如图 3-17 所示的特性选项板，通过它可改变圆心坐标、半径等属性。

双击二维多段线，将显示如图 3-18 所示的快捷菜单，从中选择编辑选项。

图 3-17　圆特性选项板

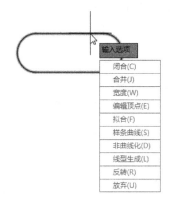

图 3-18　双击二维多段线的快捷菜单

3.3 常用图形修改命令

3.3.1 Move 移动命令

移动命令别名 M。修改面板：移动；菜单：修改→移动；工具栏：。
（1）功能：在指定方向上按指定距离移动对象，对象的大小和方向不变。
（2）应用示例：将矩形（尺寸为 40×20）向右平移 60。
操作过程如下：

> 命令：*M↵*（输入移动命令）
> MOVE
> 选择对象：*拾取矩形*
> 选择对象：*↵*（按回车键，结束选择对象）
> 指定基点或 [位移(D)] <位移>：*拾取一角点*（也可指定任意一点作为基点）
> 指定第二个点或 <使用第一个点作为位移>：*水平向右移动光标，输入 60↵*（DYN 开启时，也可输入 60,0）

结果被选中的矩形对象向右平移 60，如图 3-19 所示。

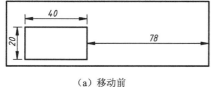   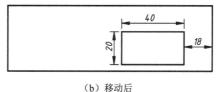

（a）移动前　　　　　　　　　　　　　（b）移动后

图 3-19　移动对象

提示：使用坐标、栅格捕捉、对象捕捉和其他工具可以精确移动对象。

3.3.2 Rotate 旋转命令

旋转命令别名 RO。修改面板：旋转；菜单：修改→旋转；工具栏：。
（1）功能：旋转对象，把选定的对象旋转到或旋转复制到新位置。
（2）应用示例：将矩形（尺寸为 40×20）绕左下角旋转 45°，再绕左下角旋转 70°复制出一个矩形，如图 3-20 所示。

　　　　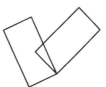

（a）旋转前　　　　　　　　（b）旋转和旋转复制后

图 3-20　旋转和旋转复制对象

操作过程如下:

```
命令: RO↵ (输入旋转命令)
ROTATE
UCS 当前的正角方向: ANGDIR=逆时针 ANGBASE=0
选择对象: 拾取矩形
选择对象: ↵ (按回车键,结束选择对象)
指定基点: 拾取矩形左下角
指定旋转角度,或 [复制(C)/参照(R)] <0>: 45↵ (结果被选中的右边多段线逆时针旋转了 45°)
命令: ↵ (重复旋转命令)
ROTATE
UCS 当前的正角方向: ANGDIR=逆时针 ANGBASE=0
选择对象: P↵ (输入 P,上一个选择集中的对象被选中,即矩形被选中)
选择对象: ↵ (按回车键,结束选择对象)
指定基点: 拾取矩形左下角
指定旋转角度,或 [复制(C)/参照(R)] <45>: C↵ (选择复制选项)
旋转一组选定对象。
指定旋转角度,或 [复制(C)/参照(R)] <45>: 70↵ (结果旋转 70° 复制出一个矩形)
```

3.3.3 Copy 复制命令

复制命令别名 CO 或 CP。修改面板: 复制；工具栏: ；菜单:修改→复制。
(1) 功能:在指定方向上按指定距离复制对象。
(2) 应用示例:复制如图 3-21 所示的图形,圆的半径为 8。
操作过程如下:

```
命令: CO↵ (输入复制命令)
COPY
选择对象: 在 w1 点单击 指定对角点: 在 w2 点单击 找到 7 个 (用窗交方式选择对象,见图 3-21)
选择对象: ↵ (结束选择对象)
当前设置: 复制模式 = 多个
指定基点或 [位移(D)/模式(O)] <位移>: 拾取圆心
指定第二个点或 [阵列(A)] <使用第一个点作为位移>: 竖直向上移动光标,输入 20↵
(向上复制出一个)
指定第二个点或 [阵列(A)/退出(E)/放弃(U)] <退出>: A↵ (选择阵列选项)
输入要进行阵列的项目数: 3↵ (注意:指定阵列中的项目数,包括原始选择集。)
指定第二个点或 [布满(F)]: 水平向右移动光标,输入 22↵
指定第二个点或 [阵列(A)/退出(E)/放弃(U)] <退出>: ↵
```

结果如图 3-22 所示。

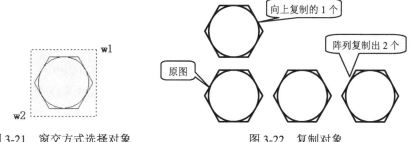

图 3-21　窗交方式选择对象　　　　图 3-22　复制对象

3.3.4　Mirror 镜像命令

镜像命令别名 MI。修改面板：镜像；菜单：修改→镜像；工具栏：。
（1）功能：创建对象的镜像图像副本。常用于对称图形的制作。
（2）应用示例：镜像复制用多段线绘制的如图 3-23 所示的图形。

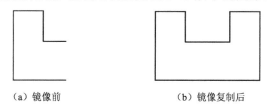

（a）镜像前　　　　　　　（b）镜像复制后

图 3-23　镜像复制图形

操作过程如下：

命令：**MI↵**　（输入镜像命令）
MIRROR
选择对象：**选取多段线**（该多段线变虚）
选择对象：↵　（按回车键，结束选择对象）
指定镜像线的第一点：**拾取右下端点**
指定镜像线的第二点：**竖直移动光标，待镜像对象显现，呈左右对称时单击**
要删除源对象吗？[是(Y)/否(N)] <N>：↵

注意：在默认情况下，镜像文字对象时，不更改文字的方向。如果确定要反转文字，用 Setvar 命令，将 MIRRTEXT 系统变量设定为 1，如图 3-24 所示。

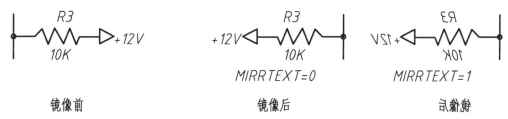

　　镜像前　　　　　　　　镜像后　　　　　　　　镜像后

图 3-24　MIRRTEXT 系统变量对镜像复制文字的影响

3.3.5 Stretch 拉伸命令

拉伸命令别名 S。修改面板：拉伸；下拉菜单：修改→拉伸；工具栏：。
（1）功能：移动或拉伸选定对象。将拉伸窗交窗口部分包围的对象。将移动（而不是拉伸）完全包含在窗交窗口中的对象或单独选定的对象。若干对象（如圆、椭圆和块）无法拉伸。
（2）应用示例：将如图 3-25（a）所示的图形，拉伸成如图 3-25（d）所示的图形。
操作过程如下：

```
命令：S↵ （输入拉伸命令）
STRETCH
以交叉窗口或交叉多边形选择要拉伸的对象…
选择对象：在图右上角单击指定对角点：在图左中部单击（即用交叉窗口方式选择图形上半部（如图 3-25（b）所示）
选择对象：↵（按回车键，结束选择对象）
指定基点或 [位移(D)] <位移>：在任意位置定点
指定第二个点或 <使用第一个点作为位移>：@0,7↵（定基点后可向上移动光标，输入 7（如图 3-25（c）所示）
```

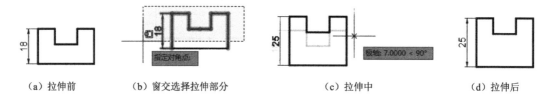

(a) 拉伸前　　(b) 窗交选择拉伸部分　　(c) 拉伸中　　(d) 拉伸后

图 3-25　拉伸图形

3.3.6 Scale 缩放命令

缩放命令别名 SC。修改面板：缩放；下拉菜单：修改→缩放；工具栏：。
（1）功能：将选定的对象按指定的比例相对于指定的基点进行缩放。缩放后对象的比例保持不变。
（2）应用示例：将如图 3-26（a）所示的图形放大 1.5 倍。
操作过程如下：

```
命令：SC↵ （输入缩放命令）
SCALE
选择对象：全部选中要放大图形（输入 L-Last，选择最近一次创建的可见对象，即右上边多段线被选中）
选择对象：↵（按回车键，结束选择对象）
指定基点：选取图形左下角（指定的基点表示选定对象的大小发生改变时位置保持不变的点）
指定比例因子或 [复制(C)/参照(R)] <1.0000>：1.5↵ （输入 1.5）
```

结果被选中的图形放大了 1.5 倍，如图 3-26（b）所示。

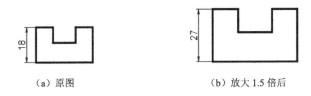

（a）原图　　　　　　　　（b）放大 1.5 倍后

图 3-26　缩放和拉伸图形

注意：将 Scale 命令用于注释性对象时，对象的位置将相对于缩放操作的基点进行缩放，但对象的尺寸不会更改。

3.3.7　Trim 修剪命令

修剪命令别名 TR。修改面板：；下拉菜单：修改→修剪；工具栏：。

（1）功能：用指定的剪切边修剪对象，也是一条实现部分擦除的命令。修剪边界可以是多段线、圆弧、圆、椭圆、线段、浮动式视口、射线面域、样条曲线、文字和 xline 线。一个对象可以同时作为修剪边界和被修剪对象。用户可以一次设置多条剪切边和多个被剪切边。

（2）应用示例：用 Trim 修剪命令将图 3-27（a）所示的图形修改成如图 3-27（b）所示。

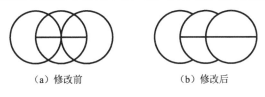

（a）修改前　　　　　　　　（b）修改后

图 3-27　用 Trim 命令修改图形

操作过程如下：

命令：*TR↵*　（输入修剪命令）
TRIM
当前设置：投影=UCS，边=无
选择剪切边...
选择对象或 <全部选择>：↵（按回车键，选择全部对象作剪切边）
选择要修剪的对象，或按住 Shift 键选择要延伸的对象，或
[栏选(F)/窗交(C)/投影(P)/边(E)/删除(R)/放弃(U)]：*选取中间圆的右上部分*
选择要修剪的对象，或按住 Shift 键选择要延伸的对象，或
[栏选(F)/窗交(C)/投影(P)/边(E)/删除(R)/放弃(U)]：*选取中间圆的右下部分*
选择要修剪的对象，或按住 Shift 键选择要延伸的对象，或
[栏选(F)/窗交(C)/投影(P)/边(E)/删除(R)/放弃(U)]：*选取左边圆的右上部分*
选择要修剪的对象，或按住 Shift 键选择要延伸的对象，或
[栏选(F)/窗交(C)/投影(P)/边(E)/删除(R)/放弃(U)]：*选取左边圆的右下部分*

选择要修剪的对象，或按住 Shift 键选择要延伸的对象，或

[栏选(F)/窗交(C)/投影(P)/边(E)/删除(R)/放弃(U)]:<u>*按住 Shift 键，拾取线段的右部分*</u>

选择要修剪的对象，或按住 Shift 键选择要延伸的对象，或

[栏选(F)/窗交(C)/投影(P)/边(E)/删除(R)/放弃(U)]:<u>↙</u> （结束剪切命令）

说明：Trim 命令将剪切边和要修剪的对象投影到当前用户坐标系（UCS）的 *XY* 平面上。关于 Trim 命令的更多说明，参见 AutoCAD 的帮助文件。

注意：要选择包含块的剪切边，只能使用"单个选择"、"窗交"、"栏选"和"全部选择"选项。

3.3.8　Extend 延伸命令

延伸命令别名 EX。修改面板：在 ⊢ 列表下（如图 3-28 所示）；下拉菜单：修改→延伸；工具栏：⊣。

（1）功能：延伸对象到指定的边界。

（2）应用示例：用 Extend 延伸命令将如图 3-29（a）所示的图形修改成如图 3-29（b）所示。

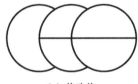
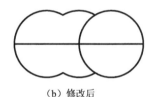

图 3-28　修改面板中的延伸命令　　　　图 3-29　用 Extend 命令修改图形

操作过程如下：

命令:<u>***EX***↙</u>　（输入延伸命令）

EXTEND

当前设置:投影=UCS，边=无

选择边界的边...

选择对象或 <全部选择>:<u>*选取左边圆弧*</u>

选择对象:<u>↙</u>（按回车键，结束选择对象）

选择要延伸的对象，或按住 Shift 键选择要修剪的对象，或

[栏选(F)/窗交(C)/投影(P)/边(E)/放弃(U)]:<u>*选取线段的左部*</u>（结果线段延伸到圆弧的左边）

选择要延伸的对象，或按住 Shift 键选择要修剪的对象，或

[栏选(F)/窗交(C)/投影(P)/边(E)/放弃(U)]:<u>*按住Shift 键，选取中间圆弧的左部*</u>（结果中间圆弧的左部分被修剪）

选择要延伸的对象，或按住 Shift 键选择要修剪的对象，或

[栏选(F)/窗交(C)/投影(P)/边(E)/放弃(U)]:<u>↙</u>　（结束延伸命令）

注意：AutoCAD 中的线段是矢量线段，分上中下、左中右，向何处改变要就近选取。

3.3.9 Fillet 圆角命令

圆角命令别名 F。修改面板：⌐；下拉菜单：修改→圆角；工具栏：⌐。

（1）功能：给对象加圆角。可以对圆弧、圆、椭圆、椭圆弧、直线、多段线、射线、样条曲线和构造线执行圆角操作。还可以对三维实体和曲面执行圆角操作。如果选择网格对象执行圆角操作，可以选择在继续进行操作之前将网格转换为实体或曲面。

（2）应用示例：用 Fillet 圆角命令将如图 3-30（a）所示的图形修改成如图 3-30（b）所示图形，中间矩形是用矩形命令绘制的。

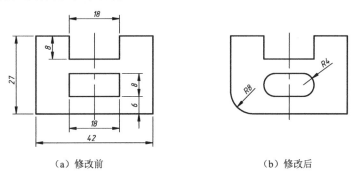

（a）修改前　　　　　　　　　　（b）修改后

图 3-30　用 Fillet 命令修改图形

操作过程如下。

单击⌐按钮，命令提示如下：

```
命令:_fillet
当前设置: 模式 = 修剪，半径 = 0.0000
选择第一个对象或 [放弃(U)/多段线(P)/半径(R)/修剪(T)/多个(M)]: R↵
指定圆角半径 <0.0000>: 8↵
选择第一个对象或 [放弃(U)/多段线(P)/半径(R)/修剪(T)/多个(M)]: 选取左边线
选择第二个对象，或按住 Shift 键选择要应用角点的对象: 选取底边线（左下角变为半径为 8 的圆弧）
命令: ↵ （重复圆角命令）
FILLET
当前设置: 模式 = 修剪，半径 = 8.0000
选择第一个对象或 [放弃(U)/多段线(P)/半径(R)/修剪(T)/多个(M)]: R↵
指定圆角半径 <8.0000>: 4↵
选择第一个对象或 [放弃(U)/多段线(P)/半径(R)/修剪(T)/多个(M)]: P↵
选择二维多段线或 [半径(R)]: 选取矩形
4 条直线已被圆角
```

3.3.10 Chamfer 倒角命令

倒角命令别名 CHA。修改面板：在⌐列表下（如图 3-31 所示）；下拉菜单：修改→倒角；

工具栏：◻。

（1）功能：对相交的两条线段或多段线的所有顶点进行倒角（倒棱角）。在倒角处，线段自动修剪或延长，倒角距离1、2可以不同。

（2）应用示例：用 Chamfer 命令将如图 3-32（a）所示的图形修改成如图 3-32（b）所示图形，倒角距离为8。

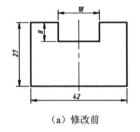
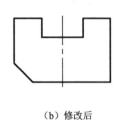

(a) 修改前　　　　　　　　(b) 修改后

图 3-31　修改面板中的倒角命令　　　图 3-32　用 Chamfer 命令修改图形

操作过程如下所述。

单击◻，命令提示如下：

```
命令:_chamfer
("修剪"模式) 当前倒角距离 1 = 0.0000, 距离 2 = 0.0000
选择第一条直线或 [放弃(U)/多段线(P)/距离(D)/角度(A)/修剪(T)/方式(E)/多个(M)]: D↵
指定第一个倒角距离 <0.0000>: 8↵
指定第二个倒角距离 <8.0000>: ↵
选择第一条直线或 [放弃(U)/多段线(P)/距离(D)/角度(A)/修剪(T)/方式(E)/多个(M)]: 选取左侧线段
选择第二条直线，或按住 Shift 键选择要应用角点的直线: 选取底边线段
```

3.3.11　Blend 光顺曲线命令

光顺曲线命令别名 BL。修改面板：在◻列表下（如图 3-31 所示）；下拉菜单：修改→倒角；工具栏：◜。

（1）功能：在两条选定直线或曲线之间的间隙中创建样条曲线。生成样条曲线的形状取决于指定的连续性。选定对象的长度保持不变。有效对象包括直线、圆弧、椭圆弧、螺旋、开放的多段线和开放的样条曲线。

（2）应用示例：用 Blend 命令将如图 3-33（a）所示的图形修改成如图 3-33（b）所示图形。

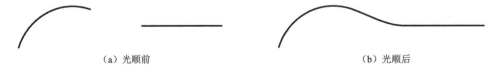

(a) 光顺前　　　　　　　　　　　　(b) 光顺后

图 3-33　用 Blend 命令光顺图形

操作过程如下所述。

单击◜按钮，命令提示如下：

命令: _BLEND
连续性 = 相切
选择第一个对象或 [连续性(CON)]: *拾取左边圆弧*（该圆高亮显示）
选择第二个点: *拾取右边直线*

3.3.12 Array 阵列命令

阵列命令别名 AR。修改面板：🔲▼（其列表如图 3-34 所示）；下拉菜单：修改→阵列；工具栏：🔲。

创建以阵列模式排列的对象的副本。有三种类型的阵列：矩形、路径和环形，如图 3-35 所示。

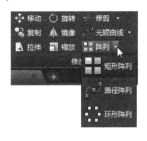
（a）矩形
（b）路径
（c）环形

图 3-34 修改面板阵列工具　　　　图 3-35 三种阵列

1．矩形阵列 ARRAYRECT

（1）功能：将对象副本分布到行、列和标高的任意组合。
（2）应用举例。

例 1　将半径为 6 的圆矩形阵列出 2 行、3 列，行间距为 20，列间距为 30，如图 3-36 所示。

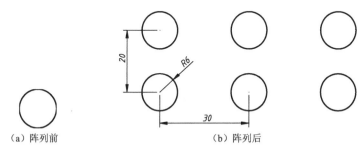

（a）阵列前　　　　　　　　　（b）阵列后

图 3-36 矩形阵列

用命令行操作过程如下：

命令: ar
ARRAY
选择对象: *拾取圆* 找到 1 个
选择对象: ↵

```
入阵列类型 [矩形(R)/路径(PA)/极轴(PO)] <矩形>:↵
类型 = 矩形   关联 = 是
为项目数指定对角点或 [基点(B)/角度(A)/计数(C)] <计数>:↵
输入行数或 [表达式(E)] <4>: 2↵
输入列数或 [表达式(E)] <4>: 3↵
指定对角点以间隔项目或 [间距(S)] <间距>:↵
指定行之间的距离或 [表达式(E)] <18>: 20↵
指定列之间的距离或 [表达式(E)] <18>: 30↵
按回车键接受或 [关联(AS)/基点(B)/行(R)/列(C)/层(L)/退出(X)] <退出>: ↵
```

例2 将如图3-37（a）所示的图形阵列出2行、2列。

用光标定点，操作过程如下：

① 单击 品 按钮。

② 选择阵列图形后，回车，此时阵列出现3行4列，如图3-37（b）所示。

③ 单击最上行夹点，上下移动光标，可看到阵列图形行数的变化，在行数为2时单击。

④ 单击最右列夹点，左右移动光标，可看到阵列图形列数的变化，在列数为2时单击，如图3-37（c）所示。

⑤ 按回车键，完成阵列，如图3-37（d）所示。

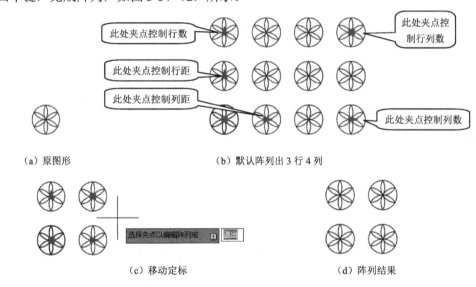

（a）原图形　　　　　　　（b）默认阵列出3行4列

（c）移动定标　　　　　　　（d）阵列结果

图3-37 矩形阵列

2．编辑矩形阵列

将阵列的行数修改为5列、2行。

（1）单击阵列图形，阵列图形被选中，同时功能区出现"阵列"选项卡，如图3-38所示。

（2）将列数改为5，列间距改为45、行间距改为40，如图3-39所示。

（3）单击功能区右侧的 ✖ 关闭阵列（或按Esc键退出编辑矩形阵列）。

第3章 二维绘图修改

图 3-38　矩形阵列及其属性

图 3-39　修改矩形阵列参数

3. 路径阵列 ARRAYPATH

（1）功能：沿路径或部分路径均匀分布对象副本。

（2）应用举例：将一多段线沿样条曲线等距阵列 6 个，如图 3-40 所示。

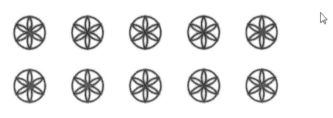

（a）阵列前　　　　　　　　（b）阵列后

图 3-40　沿路径阵列

操作过程如下所述。

单击 按钮，命令行提示及输入如下：

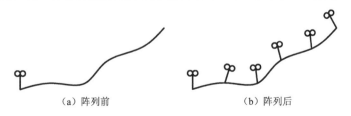

```
类型 = 路径   关联 = 是
选择路径曲线：拾取样条线
输入沿路径的项数或 [方向(O)/表达式(E)] <方向>：6↵
指定沿路径的项目之间的距离或 [定数等分(D)/总距离(T)/表达式(E)] <沿路径平均定数
等分(D)>：↵
按回车键接受或 [关联(AS)/基点(B)/项目(I)/行(R)/层(L)/对齐项目(A)/Z 方向(Z)/退出
(X)] <退出>：↵
```

（3）部分选项功能说明。

路径曲线：指定用于阵列路径的对象。选择直线、多段线、三维多段线、样条曲线、螺旋、圆弧、圆或椭圆。

项数：指定阵列中的项目数。

方向（O）：控制选定对象是否将相对于路径的起始方向重定向（旋转），然后再移动到路径的起点，如图 3-41 所示。

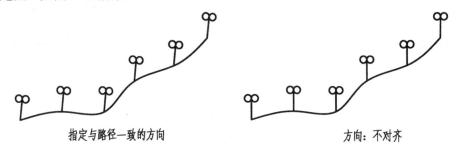

图 3-41　沿路径阵列方向的影响

① 两点：指定两个点来定义与路径的起始方向一致的方向。

② 普通：对象对齐垂直于路径的起始方向。

表达式（E）：使用数学公式或方程式获取值。

基点（B）：指定阵列的基点。

关键点（B）：对于关联阵列，在源对象上指定有效的约束点（或关键点）以用作基点。如果编辑生成阵列的源对象，阵列的基点保持与源对象的关键点重合。

关联（AS）：指定是否在阵列中创建项目作为关联阵列对象，或作为独立对象。

① 是：包含单个阵列对象中的阵列项目，类似于块。这样可以通过编辑阵列的特性和源对象快速传递修改。

② 否：创建阵列项目作为独立对象。更改一个项目不影响其他项目。

对齐项目（A）：指定是否对齐每个项目以与路径的方向相切。

其他详细说明可参见 AutoCAD 提供的帮助文档。

4．环形阵列 ARRAYPOLAR

（1）功能：围绕中心点或旋转轴在环形阵列中均匀分布对象副本。

（2）应用举例：将一个小圆以大圆圆心为中心，环形等距阵列 6 个，如图 3-42 所示。

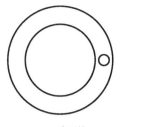
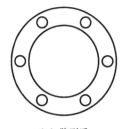

（a）阵列前　　　　　　（b）阵列后

图 3-42　环形阵列

操作过程如下所述。

单击 按钮，命令行提示及输入如下：

> 命令：_arraypolar
> 选择对象：*拾取小圆* 找到 1 个
> 选择对象：↵
> 类型 = 极轴　关联 = 是
> 指定阵列的中心点或 [基点(B)/旋转轴(A)]：*拾取大圆的中心*
> 输入项目数或 [项目间角度(A)/表达式(E)] <4>：*6*↵
> 指定填充角度(+=逆时针、−=顺时针)或 [表达式(EX)] <360>：↵
> 按回车键接受或 [关联(AS)/基点(B)/项目(I)/项目间角度(A)/填充角度(F)/行(ROW)/层(L)/旋转项目(ROT)/退出(X)] <退出>：↵

读者可以单击阵列的对象，通过功能区阵列选项卡做进一步的修改编辑。

5．Erase 删除命令

删除命令别名 E。修改面板： ；菜单：修改→删除；工具栏： 。

（1）删除对象的方法：

① 用 Delete 键。选择对象后，按 Delete 键将选中的对象删除。

② 用 Erase 删除命令。用 Erase 命令可以从图形中删除选定的对象。此方法不会将对象移动到剪贴板（用 Ctrl+X，将对象移动到剪贴板，用 Ctrl+V，再将对象粘贴到其他位置）。

如果处理的是三维对象，则还可以删除面、网格和顶点等子对象。

提示：选择删除对象时，可以输入 L 删除绘制的上一个对象，输入 p 删除前一个选择集，或者输入 ALL 删除所有对象。

（2）应用示例：删除图 3-43（a）中间的两圆和斜线。

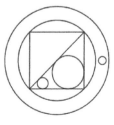
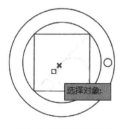
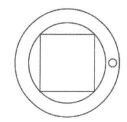

（a）原图　　　　　　（b）选择要删除的对象　　　　　　（c）结果

图 3-43　删除对象

操作过程如下：

命令: *E*↙ （输入删除命令）
ERASE
选择对象: *拾取中间小圆*（该圆变暗显示）
选择对象: *拾取中间大圆*（该圆变暗显示）
选择对象: *拾取斜线*（该斜线变暗显示，如图 3-43（b）所示）
选择对象: ↙（按回车键，结束选择，被选中的三个对象被删除）结果如图 3-43（c）所示

6. Explode 分解命令

修改面板：; 下拉菜单：修改→分解；工具栏：。
（1）功能：用来把组合对象如块、尺寸、多段线、面域和剖面线等分解为部件对象。
（2）应用示例：用 Explode 命令将如图 3-44（a）所示的多段线分解。

（a）分解前　　　　　　　　　（b）分解后

图 3-44　分解多段线

操作过程如下。
单击 按钮，命令行提示及操作如下：

命令: _explode
选择对象: *拾取多段线* 找到 1 个
选择对象: ↙ （结果如图 3-44（b）所示）
分解此多段线时丢失宽度信息
可用 UNDO 命令恢复

3.3.13　Offset 偏移命令

偏移命令别名 O。修改面板：; 下拉菜单：修改→偏移；工具栏：。
（1）功能：偏移复制选定的对象，可以创建其形状与选定对象形状等距的新对象，如创建同心圆、平行线和平行曲线，如图 3-45 所示。

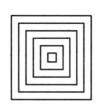 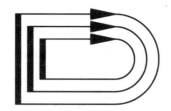 

图 3-45　偏移复制对象

可以在指定距离或通过一个点偏移对象。偏移对象后，可以使用修剪和延伸这种有效的方式来创建包含多条平行线和曲线的图形。

（2）应用示例：用 Offset 偏移命令将如图 3-46（a）所示的线段向上等距偏移复制 2 条，如图 3-46（b）所示。

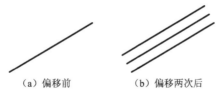

（a）偏移前　　　　（b）偏移两次后

图 3-46　偏移多段线

操作过程如下所述。

单击 按钮，命令行提示及操作如下：

> 命令:_offset
> 当前设置：删除源=否　图层=源　OFFSETGAPTYPE=0
> 指定偏移距离或 [通过(T)/删除(E)/图层(L)] <通过>:*6↙*
> 选择要偏移的对象，或 [退出(E)/放弃(U)] <退出>:*拾取直线*
> 指定要偏移的那一侧上的点，或 [退出(E)/多个(M)/放弃(U)] <退出>:*在直线的上方拾取一点*
> 选择要偏移的对象，或 [退出(E)/放弃(U)] <退出>:*拾取直线*
> 指定要偏移的那一侧上的点，或 [退出(E)/多个(M)/放弃(U)] <退出>:*在直线的下方拾取一点*
> 选择要偏移的对象，或 [退出(E)/放弃(U)] <退出>:*↙*

3.3.14　Break 打断命令

打断命令别名 BR。修改面板： （在展开面板中）；下拉菜单：修改→打断；工具栏： 。

（1）功能： 在两点之间打断选定对象，如图 3-47 所示。

图 3-47　在 1、2 点间打断直线

两个指定点之间的对象部分将被删除。如果第二个点不在对象上，将选择对象上与该点最接近的点。因此，要打断直线、圆弧或多段线的一端，可以在要删除的一端附近指定第二个打断点。

要将对象一分为二并且不删除某个部分，输入的第一个点和第二个点应相同。通过输入 @指定第二个点即可实现此目的。

直线、圆弧、圆、多段线、椭圆、样条曲线、圆环，以及其他几种对象类型都可以拆分为两个对象或将其中的一端删除。

程序将按逆时针方向删除圆上第一个打断点到第二个打断点之间的部分，从而将圆转换成圆弧，如图 3-48 所示。

图 3-48 在 1、2 点间打断圆

还可以使用 "打断于点"工具在单个点处打断选定的对象。有效对象包括直线、开放的多段线和圆弧。不能在一点打断闭合对象（如圆）。

（2）应用示例：如图 3-49 所示图线，用 "打断于点"工具将竖直线段从两线交点处打断，用 "打断工具"将水平线打断。

操作过程如下所述。

① 单击 "打断于点"按钮，拾取竖直线段（如图 3-49（b）所示），拾取线段交点（如图 3-49（c）所示，移动光标到竖直线段，可以发现已被打断，如图 3-49（d）所示）。

② 单击 按钮（或直接回车，重复打断命令），在左边拾取水平线段，在线段交点处单击，水平线被打断，如图 3-49（e）所示。

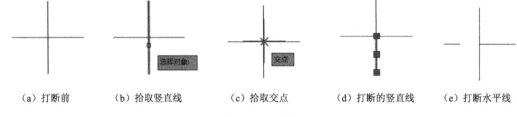

(a) 打断前　　(b) 拾取竖直线　　(c) 拾取交点　　(d) 打断的竖直线　　(e) 打断水平线

图 3-49 打断线段

3.3.15 Join 合并命令

合并命令别名 J。修改面板：（在展开面板中）；下拉菜单：修改→合并；工具栏：。

（1）功能：合并线性和弯曲对象的端点，以便创建单个对象。

直线对象必须共线，圆弧对象必须位于同一假设的圆上，但是它们之间可以有间隙。"闭合"选项可将源圆弧转换成圆，如图 3-50 所示。

(a) 合并前　　　　　　　　　　　　　(b) 合并后

图 3-50 合并线段

（2）应用示例：用 "合并"工具将如图 3-50（a）所示的直线段、中部两圆弧分别合并，将右端圆弧转化为圆，如图 3-50（b）所示。

操作过程如下所述。

单击 按钮，命令行提示及操作如下：

命令：_join 选择源对象或要一次合并的多个对象：**拾取左边线段**找到 1 个

选择要合并的对象: *拾取右边线段* 找到 1 个, 总计 2 个
选择要合并的对象: ↵
2 条直线已合并为 1 条直线
命令: ↵
JOIN 选择源对象或要一次合并的多个对象: *拾取左边圆弧* 找到 1 个
选择要合并的对象: *拾取同心右边圆弧* 找到 1 个, 总计 2 个
选择要合并的对象: ↵
2 条圆弧已合并为 1 条圆弧
命令: ↵
JOIN 选择源对象或要一次合并的多个对象: *拾取最右边圆弧* 找到 1 个
选择要合并的对象: ↵
选择圆弧, 以合并到源或进行 [闭合(L)]: **L**↵
已将圆弧转换为圆。

3.3.16　Lengthen 拉长命令

拉长命令别名 LEN。修改面板：（在展开面板中）；下拉菜单：修改/拉长。

（1）功能：更改对象的长度和圆弧的包含角。

可以更改为百分比、增量、最终长度或角度。使用 Lengthen 即使用 Trim 和 Extend 其中之一。

（2）应用示例：用 "拉长" 工具将如图 3-51（a）所示 20 长的直线段拉长到 30，圆弧增加 30°，如图 3-51（b）所示。

(a) 拉长前　　　　　　　(b) 拉长后

图 3-51　拉长

操作过程如下所述。

单击 按钮，命令行提示及操作如下：

命令: _lengthen
选择对象或 [增量(DE)/百分数(P)/全部(T)/动态(DY)]: **T**↵
指定总长度或 [角度(A)] <1.0000>: **30**↵
选择要修改的对象或 [放弃(U)]: *拾取线段的右边*
选择要修改的对象或 [放弃(U)]: ↵
命令: ↵
LENGTHEN
选择对象或 [增量(DE)/百分数(P)/全部(T)/动态(DY)]: **DE**↵
输入长度增量或 [角度(A)] <30.0000>: **A**↵
输入角度增量 <0>: **30**↵

选择要修改的对象或 [放弃(U)]: **拾取圆弧的左边**
选择要修改的对象或 [放弃(U)]: ↵

3.3.17 Overkill 删除重复对象命令

删除重复对象命令别名 OV。修改面板：（在展开面板中）；下拉菜单：修改/删除重复对象。

（1）功能：清理重叠的几何图形。

合并局部重叠或连续的对象。以相同角度绘制的局部重叠的线被合并到单条线，删除与多段线重叠的重复的直线或圆弧段。

（2）删除重复对象的步骤：
① 依次单击"默认"选项卡→"修改"面板→ "删除重复对象"。
② 在"选择对象"提示下，使用一种选择方法选择对象。
③ 按 Enter 键。

操作时可以指定公差值，选择在对象比较期间要忽略的特性，设置其他选项以优化多段线、合并对象或保持关联性。

（3）应用示例：用 "删除重复对象"工具将如图 3-52（a）所示图形中重叠的两段短线删除。

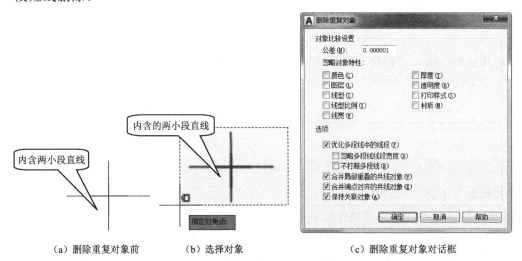

（a）删除重复对象前　　（b）选择对象　　　　（c）删除重复对象对话框

图 3-52　删除重复对象

操作过程如下所述。

单击 按钮，命令行提示及操作如下：

　　命令: _overkill
　　选择对象: **拾取图形的右上角**
　　指定对角点: **拾取图形的左下角** 找到 4 个（如图 3-52（b）所示）
　　选择对象:↵（系统弹出"删除重复对象"对话框，如图 3-52（c）所示）
　　选择对象:↵（单击"确定"）

3.3.18 Align 对齐命令

对齐命令别名 AL。修改面板：▣（在展开面板中）；下拉菜单：修改→三维操作→对齐。

（1）功能：在二维和三维空间中将对象与其他对象对齐。

可以指定一对、两对或三对源点和定义点以移动、旋转或倾斜选定的对象，从而将它们与其他对象上的点对齐。

（2）在二维中对齐两个对象的步骤：

依次单击"默认"选项卡→"修改"面板→"对齐"按钮▣，选择要对齐的对象。指定一个源点，然后指定相应的目标点。要旋转对象，先指定第二个源点，然后指定第二个目标点。

（3）应用示例：用▣"对齐"命令将如图 3-53（a）所示的三角形对齐到矩形上方。

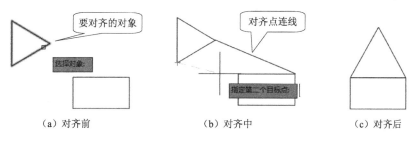

（a）对齐前　　　　　（b）对齐中　　　　　（c）对齐后

图 3-53　删除重复对象

操作过程如下所述。

单击▣按钮，命令行提示及操作如下：

```
命令: _align
选择对象: 拾取三角形 找到 1 个
选择对象: ↵
指定第一个源点: 拾取三角形右角点
指定第一个目标点: 拾取矩形右上角点
指定第二个源点: 拾取三角形下角点
指定第二个目标点: 拾取矩形左上角点 （如图 3-53（b）所示）
指定第三个源点或 <继续>: ↵
是否基于对齐点缩放对象? [是(Y)/否(N)] <否>: Y↵ （对齐结果如图 3-53（c）所示）
```

习　题

3-1．绘制示例图形，熟悉所用命令。

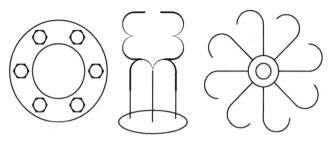

图 3-54　题 3-1 图

3-2．绘制下列图案。

图 3-55　题 3-2 图

3-3．根据所给尺寸，绘制下列图形。

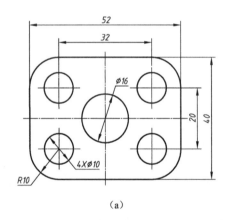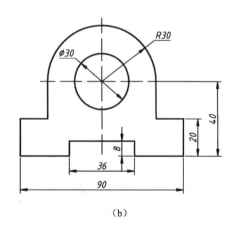

(a)　　　　　　　　　　　　　　(b)

图 3-56　题 3-3 图

第4章 自定义绘图环境

AutoCAD 允许用户自定义工作环境中的许多元素以满足用户的需要，提高产品的生产率和帮助执行 CAD 标准。

4.1 自定义选项简介

AutoCAD 允许用户自定义以下选项。
- 组织文件。可以组织程序文件、支持文件和图形文件。例如，用户可以为每个项目创建一个单独的文件夹，其中只包含项目所需的支持文件（OPTIONS 命令）。
- 创建自定义图形样板文件。可以创建自定义图形样板（DWT）文件，以便在创建新图形时使用（SAVEAS 命令）。
- 定义命令别名。可以通过修改 AutoCAD PGP 文件 acad.pgp 来为常用的命令定义简单的别名或缩写。
- 定义自动更正条目和同义词。用户可以为可能经常会拼写错误或忘记其标准名称的命令定义自动更正条目(AutoCorrectUserDB.pgp)和同义词（acadSynonymsGlobalDB.pgp）。
- 创建自定义线型、填充图案、形和字体。用户可以创建符合公司标准的线型（LIN 文件）、填充图案（HAT 文件）、形（SHP 文件）和文字字体（SHX 文件）。
- 自定义用户界面。用户可以创建和修改自定义（CUI/CUIx）文件来控制用户界面的许多方面（CUI 命令）。
- 通过编写脚本自动完成重复性任务。可以创建脚本（SCR）文件，该文件定义和执行一组连续的包含预定义输入的命令。例如，用户可以创建一个脚本，用于创建图层并插入标题栏（SCRIPT 命令）。
- 录制动作宏。用户可以录制命令和进行输入，以及将它们保存到动作宏（ACTM）文件以自动执行重复的任务（ACTRECORD 命令）。
- 重定义 AutoCAD 命令。用户可以重定义命令以提供补充消息和说明，或替换命令的标准行为。例如，创建一个可在其中重定义 QUIT 命令的图形管理系统，以便在结束 AutoCAD 任务之前，将记录信息写入日志文件（REDEFINE 命令）。
- 自定义工具选项板。可以通过将对象从图形拖动到工具选项板或从自定义用户界面（CUI）编辑器中拖动命令来创建工具。可以创建新的工具选项板来组织创建的工具（CUSTOMIZE 命令）。
- 创建自定义网上发布样板文件。使用"网上发布"向导发布图形时，可以创建自定义网上发布样板 (PWT) 文件以定义常用参数（PUBLISHTOWEB 命令）。

● 自定义状态栏。可以使用 DIESEL 字符串表达式语言和 MODEMACRO 系统变量，在状态栏上提供附加信息，例如，日期和时间、系统变量设置或使用 AutoLISP 检索的信息。

4.2 使用样板创建图形

所有图形都是通过默认图形样板文件或用户创建的自定义图形样板文件来创建的。AutoCAD 提供了一种用户在一幅标准图形中使用的标准设置可以被存储并多次使用的方法，这样的图形称为样板（*.dwt）。用户可以拥有许多样板，每个样板作为一种特定类型的新图的基础。用户应定义自己的样板，以便节约大量图形设置的时间，并且可以提供工作的一致性。例如，绘制机械图时，可将 A0～A4 所用的图幅、标题栏、图层名、各种线型（粗实线、细实线、细点画线、虚线等）、标注样式、尺寸标注格式和表面粗糙度符号（定义成块）等均设置好，保存成不同的样板，这样在开始绘制一幅新图时可先分析用多大的图幅，直接进入样板进行绘制，节省图形设置的时间。

系统开始界面中的"开始绘制"是使用默认的 acadiso.dwt 样板。新图形的名称都预定义为 Drawing1.dwg。以后每新建一个图形，后面的数字都自动加一，如 Drawing2.dwg、Drawing3.dwg 等。

选择样板的方法有：

（1）单击"开始"界面中的"开始绘制"下面的"样板"，如图 4-1 所示。

图 4-1 "开始绘制"下的样板列表

（2）单击 按钮（或"文件→新建"）打开"选择样板"对话框，如图 4-2 所示。从中可以选择需要打开的样板文件。

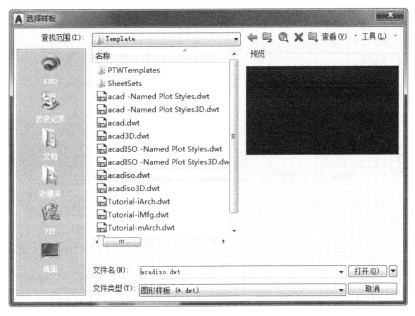

图 4-2 "选择样板"对话框

可以通过将图形文件的扩展名改为.dwt 来生成其他样板图形。在默认情况下，图形样板文件存储在 Template 文件夹中，以便访问。

注意：在绘图时，用户也可以使用现有的图形创建新图形，这样可以利用现有的设置和图块，提高工作效率。

4.3 设置绘图界面

4.3.1 自定义绘图区域背景

绘图区域的颜色系统默认设置是黑色，用户可以自定义，操作过程如下：

（1）在绘图区域右击，在弹出的快捷菜单中选择"选项"命令，弹出"选项"对话框，如图 4-3 所示。

（2）单击"显示"选项卡中"窗口元素"里的"颜色"按钮，系统弹出"图形窗口颜色"对话框，如图 4-4 所示。

（3）单击"颜色"列表，选择"白"色。

（4）单击"应用并关闭"按钮，关闭"图形窗口颜色"对话框。

（5）单击"确定"按钮，关闭"选项"对话框。

注意：关于"选项"对话框中各项功能的说明，请参照 AutoCAD 2018 帮助文档："命令"→"O 命令"→"OPTIONS"→"选项"对话框。

说明："图形窗口颜色"对话框用于设定应用程序中每个上下文的界面元素的显示颜色。

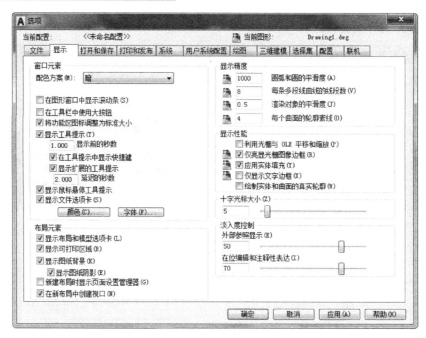

图 4-3 "选项"对话框

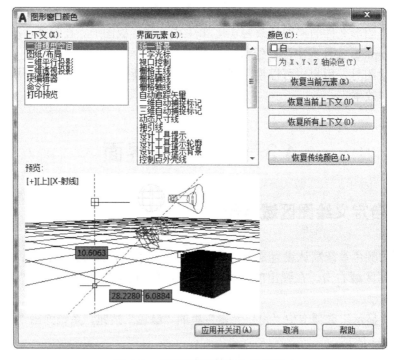

图 4-4 "图形窗口颜色"对话框

上下文：是指一种操作环境，如模型空间。界面元素是指此上下文中的可见项，如十字光标指针或背景色。

可以根据上下文为界面元素指定不同的颜色。选定的上下文显示相关联元素的列表。选择上下文、界面元素，然后选择颜色。

4.3.2 保存和恢复界面设置（配置）

配置可存储绘图环境设置。可以针对不同的用户或工程创建配置，还可以通过将配置输入和输出为文件来共享配置。

配置可存储如下设置：
（1）默认的搜索路径和工程文件路径。
（2）样板文件位置。
（3）在文件导航对话框中指定的初始文件夹。
（4）默认的线型文件和填充图案文件。
（5）打印机默认设置。

配置信息一般在"选项"对话框的"文件"选项卡上进行设定，存储在系统注册表中，并且可被输出到文本文件，即 ARG 文件中。

保存配置的步骤如下：
（1）单击应用程序按钮，在应用程序菜单底部单击"选项"按钮。
（2）在"选项"对话框的"配置"选项卡中，单击"添加到列表"选项。
（3）在"添加配置"对话框中，输入配置名称和说明。
（4）单击"应用并关闭"将当前"选项"设置记录到系统注册表中并关闭该对话框。
（5）单击"确定"按钮。

4.3.3 自定义启动

AutoCAD 允许用户自定义启动，满足用户设计的需要。在启动程序之前将配置设置为当前配置及用 acadiso.dwt 样板文件，方法步骤如下：
（1）在 Windows 桌面上，在此程序的图标上单击鼠标右键，选择"属性"命令。
（2）在 AutoCAD "属性"对话框"快捷方式"选项卡中的"目标"下，在当前目标后输入/p、当前配置名称及 /t "acadiso"（如图 4-5 所示）。例如，要将配置 MyUser01 置为当前配置，在"目标"目录\acad.exe 后中输入以下内容：/p　MyUser01　/t　"acadiso"。

注意：在 acad.exe 后要添加一空格符，命令行开关/p 、/t 后也要加一空格符。

（3）单击"确定"按钮。
这样，每次启动此程序时系统就进入了当前配置 MyUser01 和 acadiso.dwt 样板。

4.3.4 恢复 AutoCAD 系统的默认设置

由于用户的自定义操作，可能会使界面安排较为混乱，此时若将配置重置为系统默认设置，即可将当前的界面快速恢复为 AutoCAD 系统的默认设置，步骤如下：
（1）在绘图窗口单击鼠标右键，在弹出的快捷菜单底部选择"选项"命令。

图 4-5　修改 AutoCAD 启动属性

（2）单击"选项"对话框中的"配置"选项卡，单击"重置"按钮，如图 4-6 所示。
（3）单击"确定"按钮。

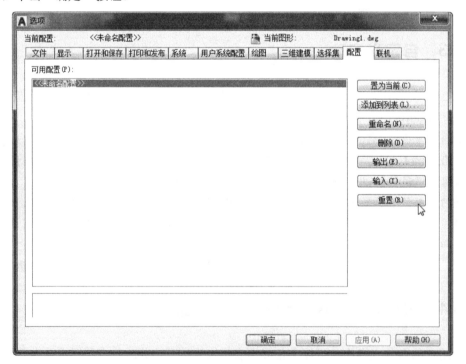

图 4-6　"选项"对话框"配置"选项卡

4.4 精确作图工具

用 AutoCAD 精确快速地作图，需灵活使用 Snap（捕捉）、Osnap（对象捕捉）、Setvar（系统变量）等工具命令。下面重点介绍一下 Snap、Grid、Osnap 命令和极轴追踪及对象捕捉追踪。这些功能的开启或关闭，可以通过单击状态栏上的按钮或功能键来实现。

4.4.1 Snap 捕捉命令

捕捉命令别名 SN。功能键：F9；状态栏：捕捉▨；'snap 用于透明使用。

1）功能

限制光标按指定的间距移动。"捕捉"开启时光标只能落到其中的一个格点上。一般与 Grid 栅格命令配合使用。

2）使用及说明

> 命令: *SN* ↵
> SNAP
> 指定捕捉间距或 [打开(ON)/关闭(OFF)/纵横向间距(A)/传统(L)/样式(S)/类型(T)] <10.0000>: *1*↵(将捕捉间距设置为 1)

（1）捕捉间距（Snap Spacing）：用指定的值激活"捕捉"模式。

（2）开（ON）：用当前捕捉栅格的分辨率、旋转角和样式激活"捕捉"模式。

（3）关（OFF）：关闭"捕捉"模式但保留当前设置。

（4）纵横向间距（A）：在 X 和 Y 方向指定不同的间距。如果当前捕捉模式为"等轴测"，则不能使用此选项。

（5）传统（L）：指定"是"将导致旧行为，光标将始终捕捉到捕捉栅格。指定"否"将导致新行为，光标仅在操作正在进行时捕捉到捕捉栅格（系统默认状态）。

（6）样式（S）：指定"捕捉"栅格的样式为标准或等轴测。

（7）类型（T）：指定捕捉类型（极轴 Polar 和栅格 Grid）。

3）设置方法

（1）右击状态栏中的"捕捉"按钮（或单击▨▾列表按钮），在弹出的快捷菜单（如图 4-7 所示）中选择"捕捉设置"命令，系统弹出"草图设置"对话框，显示"捕捉和栅格"选项卡，如图 4-8 所示。

（2）按需要设置后，单击"确定"按钮。

图 4-7 "捕捉"右键快捷菜单　　　　图 4-8 "捕捉和栅格"选项卡

4.4.2　Grid 栅格命令

功能键：F7；状态栏：栅格■；'Grid 用于透明使用。

1）功能

控制是否在屏幕上显示栅格，以及设置栅格的 X 轴方向和 Y 轴方向的栅格间距。栅格给用户画图带来方便，如同在方格纸上作图一样。

2）使用及说明

> 命令：***GRID***↵
> 指定栅格间距(X) 或 [开(ON)/关(OFF)/捕捉(S)/主(M)/自适应(D)/界限(L)/跟随(F)/纵横向间距(A)] <10.000>：**5**↵(将间距设置为 5)

（1）指定栅格间距（X）：设置栅格间距的值。在值后面输入 x 可将栅格间距设置为按捕捉间距增加的指定值。

（2）开（ON）：打开使用当前间距的栅格。

（3）关（OFF）：关闭栅格。

（4）捕捉（S）：将栅格间距设置为由 SNAP 命令指定的捕捉间距。

（5）主（M）：指定主栅格线相对于次栅格线的频率，将以除二维线框之外的任意视觉样式显示栅格线而非栅格点（GRIDMAJOR 系统变量）。

（6）自适应（D）：控制放大或缩小时栅格线的密度。

（7）界限（L）：显示超出 Limits 命令指定区域的栅格。

（8）跟随（F）：更改栅格平面以跟随动态 UCS 的 XY 平面，该设置也由 GRIDDISPLAY 系统变量控制。

（9）纵横向间距（A）：沿 X 和 Y 方向更改栅格间距，可具有不同的值。在输入值之后输入 x 将栅格间距定义为捕捉间距的倍数，而不是以图形单位定义栅格间距。当前捕捉样式为"等轴测"时，"宽高比"选项不可用。

4.4.3 对象捕捉（Object Snap）

在命令中定位点的提示下，可以用对象捕捉（Object Snap）快速精确捕捉对象上的几何点，如线段或圆弧的端点、中点、圆（圆弧）的圆心点、圆周点和切线点等。对于这样的点，如果用光标选取，难免会有一定的误差，若用键盘输入，可能不知道它的准确数据。光标将捕捉到对象上最靠近光标中心的指定点。当对象捕捉开启时（在默认情况下，对象捕捉是开启的），AutoCAD 就能准确地按所选方式自动确定所选的点，同时出现相应的捕捉图标和工具提示。捕捉的对象必须是可见的。

可以通过以下两种方式之一打开对象捕捉。

（1）指定单一对象捕捉：设置一次使用的对象捕捉，即如果指定单一对象捕捉，则其仅对指定的下一点有效。

（2）使用"执行对象捕捉"："执行对象捕捉"是一个或多个在用户工作时生效的对象捕捉，一直运行，直至将其关闭。使用 Osnap 或 Dsettings 命令，可以指定一组"执行对象捕捉"。

1．捕捉对象的点的步骤

（1）启动需要指定点的命令（如 Line、Circle、Arc、Copy 或 Move）。

（2）当命令提示指定点时，选择一种对象捕捉。

（3）将光标移动到捕捉位置上，然后单击定点设备。

2．指定对象捕捉的方法

要在提示输入点时指定对象捕捉，可以：

（1）光标在绘图区，按住 Shift 键并单击鼠标右键以显示"对象捕捉"快捷菜单，如图 4-9 所示。

（2）当提示输入点时，光标在绘图区，单击鼠标右键，然后从"捕捉替代"子菜单选择对象捕捉，如图 4-10 所示。

（3）在命令提示下输入对象捕捉的名称（如捕捉切点输入 tan、捕捉端点输入 end 等）。

（4）在状态栏的"对象捕捉"■按钮上单击鼠标右键，显示右键快捷菜单，如图 4-11 所示。

（5）单击"对象捕捉"工具栏上的对象捕捉按钮，如图 4-12 所示。

 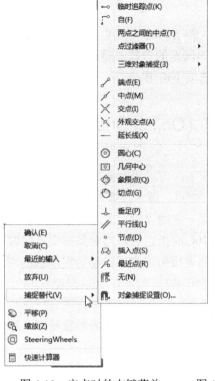 

图 4-9 "对象捕捉"快捷菜单　　图 4-10 定点时的右键菜单　　图 4-11 "对象捕捉"的右键菜单

图 4-12 对象捕捉工具栏

3. 设置执行对象捕捉

使用 Osnap 命令（别名 OS，'Osnap 用于透明使用）可设置执行对象捕捉，方法如下：

（1）输入 **OS**↙（或单击 按钮或选择下拉菜单中的"工具→草图设置…"或在状态栏中的"对象捕捉"上单击右键，选择"设置"）可开启"草图设置"对话框中的"对象捕捉（Object Snap）"选项卡，如图 4-13 所示。

（2）勾选要执行的捕捉方式。

（3）单击"确定"按钮。

捕捉方式说明如下：

（1）端点（ENDpoint）：捕捉到圆弧、椭圆弧、直线、多行、多段线、样条曲线、面域或射线最近的端点，或捕捉宽线、实体或三维面域的最近角点。

（2）中点（MIDpoint）：捕捉到圆弧、椭圆、椭圆弧、直线、多行、多段线、面域、实体、样条曲线或参照线的中点。

（3）圆心（CENter）：捕捉到圆弧、圆、椭圆或椭圆弧的中心点。

（4）几何中心（GCEn）：捕捉到任意闭合多段线和样条曲线的质心。

（5）节点（NODe）：捕捉到点对象、标注定义点或标注文字原点。

（6）象限点（QUAdrant）：捕捉到距光标十字线中心最近的圆弧、圆、椭圆或椭圆弧可见部分的象限点,即圆周上 0°、90°、180°、270°的点。

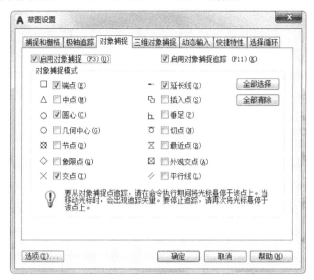

图 4-13 "对象捕捉"选项卡

(7) 交点 (INTersectoin): 捕捉到圆弧、圆、椭圆、椭圆弧、直线、多行、多段线、射线、面域、样条曲线或参照线的交点。"延伸交点"不能用作执行对象捕捉模式。

(8) 延伸 (EXTension): 当光标经过对象的端点时,显示临时延长线或圆弧,以便用户在延长线或圆弧上指定点。

(9) 插入点 (INSertion): 捕捉到属性、块、形或文字的插入点。

(10) 垂直点 (PERpendicular): 捕捉圆弧、圆、椭圆、椭圆弧、直线、多线、多段线、射线、面域、实体、样条曲线或构造线的垂足。当正在绘制的对象需要捕捉多个垂足时,将自动打开"递延垂足"捕捉模式。可以用直线、圆弧、圆、多段线、射线、参照线、多行或三维实体的边作为绘制垂直线的基础对象。可以用"递延垂足"在这些对象之间绘制垂直线。当靶框经过"递延垂足"捕捉点时,将显示 AutoSnap 工具提示和标记。

(11) 切点 (TANgent): 捕捉到圆弧、圆、椭圆、椭圆弧或样条曲线的切点。当正在绘制的对象需要捕捉多个垂足时,将自动打开"递延垂足"捕捉模式。可以使用"递延切点"来绘制与圆弧、多段线圆弧或圆相切的直线或构造线。当靶框经过"递延切点"捕捉点时,将显示标记和 AutoSnap 工具提示。

(12) 最近点 (NEArest): 捕捉到圆弧、圆、椭圆、椭圆弧、直线、多行、点、多段线、射线、样条曲线或参照线的最近点。

(13) 外观交点 (APParent Intersection): 当前视图中看起来相交,而在实际的三维空间中,可能相交也可能不相交的点。在二维空间中,捕捉两线段延长线的交点。

(14) 平行线 (PARallel): 用于绘制平行线。操作时,指定线性对象的第一点后,将光标移至要平行的线性对象上悬停,然后,将光标移回正在创建的对象,当对象的路径与要对齐的线性对象平行时,则会显示对齐路径,此时定点,绘制出平行线。

注意:在绘图时,根据需要时常开启或关闭对象捕捉,所以要灵活运用 F3 功能键(或单击状态栏的"对象捕捉"按钮)。

4.4.4 自动追踪

"自动追踪"开启时,可以帮助用户在精确的位置上或以精确的角度创建对象。自动追踪包含"极轴追踪(Polar Tracking)"和"对象捕捉追踪(Object Snap Tracking)"两种类型。分别在状态栏中单击"极轴" 按钮(或按 F10 键)和"对象追踪" (或按 F11 键)按钮就可以打开或关闭这两种自动追踪模式。

1. 极轴追踪(Polar Tracking)

极轴追踪对绘制对象的临时路径进行追踪。使用"极轴追踪"进行追踪时,对齐路径是由相对于命令起点和端点的极轴角定义的,如图 4-14 所示。如果打开了 30°极轴角增量(默认是 90°),当光标接近 0°、30°、60°、90°等角时,AutoCAD 将显示对齐路径和工具栏提示。当光标从该角度移开时,对齐路径和工具栏提示消失。

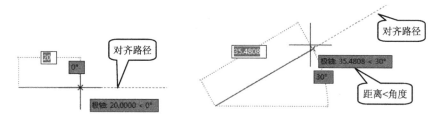

图 4-14 极轴追踪样例 1

可以使用极轴追踪沿着 90°、60°、45°、30°、22.5°、18°、15°、10°和 5°的极轴角增量进行追踪,也可以指定其他角度。图 4-15 所示图例显示了在绘制矩形时,当极轴角增量设置为 60°、300°时显示的对齐路径。

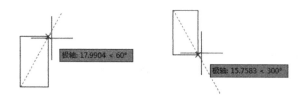

图 4-15 极轴追踪样例 2

2. 对象捕捉追踪

对象捕捉只能捕捉对象上的点。对象追踪用于捕捉对象以外空间的一个点,可以沿指定的方向(称为对齐路径)、按指定的角度或与其他对象的制定关系捕捉一个点。

对象捕捉工具栏中的 临时追踪点(K)、 自(F)是对象捕捉追踪按钮。当单击其中一个时,只应用于水平线或垂足捕捉。

使用对象捕捉追踪,可以沿着基于对象捕捉点的对齐路径进行追踪。已获取的点将显示一个小加号(+),一次最多可以获取 7 个追踪点。获取点之后,当在绘图路径上移动光标时,将显示相对于获取点的水平、垂直或极轴对齐路径。例如,可以基于对象端点、中点或者对象的交点,沿着某路径选择一点。

注意：即使关闭了对象捕捉追踪，用户也可以从命令中的最后一个拾取点追踪"垂足"或"切点"对象捕捉。

图 4-16 展示了启用"端点"对象捕捉，利用对象捕捉追踪和极轴追踪画 45°斜线的方法。

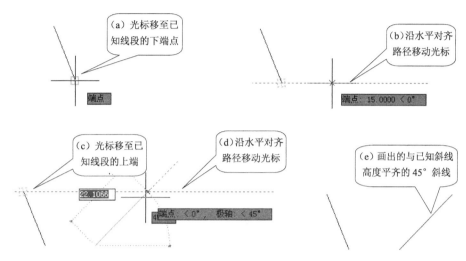

图 4-16　利用自动追踪画直线

3．使用极轴追踪绘制对象的步骤

（1）开启极轴追踪并启动一个绘图（Circle、Line 等）或编辑（Copy、Move 等）命令。

（2）选择一个起点。

（3）选择一个端点。

如果光标移动时接近极轴角，将显示对齐路径和工具栏提示。默认角度为 90°。可以使用对齐路径和工具栏提示绘制对象。与"交点"或"外观交点"一起使用"极轴追踪"，可以找出极轴对齐路径与其他对象的交点。

正交模式将光标限制在水平或垂直（正交）轴上。因为不能同时打开正交模式和极轴追踪，因此，在正交模式打开时，AutoCAD 会关闭极轴追踪。如果打开了极轴追踪，AutoCAD 将关闭正交模式。

4．修改极轴追踪的角增量

在默认情况下，极轴追踪设置为 90°的角增量。如果极轴追踪和"捕捉"模式同时打开，光标将以设定的捕捉增量沿对齐路径进行捕捉，用户可以修改极轴角增量并设置这个捕捉增量。

快捷的方法：右击状态栏"极轴"按钮（或单击中的），在弹出的快捷菜单（如图 4-17 所示）上选择角增量。

也可以通过"草图设置"对话框中的"极轴追踪"选项卡（如图 4-18 所示）修改 AutoCAD 测量极轴角的方式。绝对极轴角是以当前 UCS 的 X 和 Y 轴为基准进行计算的。相对极轴角是以命令活动期间创建的最后一条直线（或最后创建的两个点之间的直线）为基准进行计算的。

图 4-17 极轴追踪角增量菜单

图 4-18 "极轴追踪"选项卡

4.4.5 使用用户坐标系（UCS）

AutoCAD 的默认坐标系是基于标准笛卡尔坐标系的世界坐标系（World Coordinate System，WCS），它是固定不变的。它定义了一个三维空间，即屏幕平面为 XY 平面，其左下角为原点，Z 轴正向从该点指向屏幕外，所有对象的几何数据均以这个坐标系为准。有时在这个坐标系中构造模型是十分困难的。例如，在一倾斜的屋顶面上画一个圆，在屏幕上定位、给定参数，以及检查生成的圆是否符合要求等都不容易，因为这个圆是在三维空间的另一个平面上。如果能把这个倾斜平面定义成另一个坐标系的 XY 平面，那么就可以将三维空间的圆变成简单的二维问题。为此，AutoCAD 允许用户定义自己的坐标系，这称为用户坐标系（User Coordinate System，UCS）。在 UCS 中用户可以移动和旋转原点，甚至使它与图形中的特定对象对齐，并且可以调整 X、Y、Z 的方向。在复杂的二维绘图和三维设计建模中，用户坐标是必不可少的。

1. UCS 命令

菜单栏：工具→新建 UCS(W)，如图 4-19 所示。UCS 工具栏如图 4-20 所示。

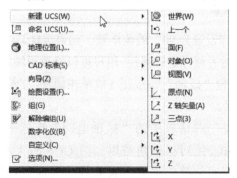

图 4-19 UCS 的下拉菜单

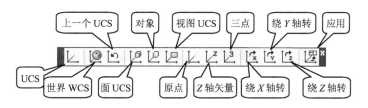

图 4-20　UCS 工具栏

1）功能

设置当前 UCS 的原点和方向。UCS 是处于活动状态的坐标系，用于建立图形和建模的 XY 平面（工作平面）和 Z 轴方向。控制 UCS 原点和方向，以在指定点、输入坐标和使用绘图辅助工具（如正交模式和栅格）时更便捷地处理图形。

2）使用及说明

命令: **UCS ↵**（输入 UCS 命令）命令行提示如下：
当前 UCS 名称: *世界*
指定 UCS 的原点或 [面(F)/命名(NA)/对象(OB)/上一个(P)/视图(V)/世界(W)/X/Y/Z/Z 轴(ZA)] <世界>:

各选项说明（详情请参阅 AutoCAD 的帮助文件）如下。

（1）指定 UCS 的原点：使用一点、两点或三点定义一个新的 UCS。如果指定单个点，当前 UCS 的原点将会移动，而不会更改 X、Y 和 Z 轴的方向。如果指定第二个点，则 UCS 旋转，以将正 X 轴通过该点。如果指定第三个点，则 UCS 绕新的 X 轴旋转来定义正 Y 轴。这三点可以指定原点、正 X 轴上的点，以及正 XY 平面上的点，如图 4-21 所示。

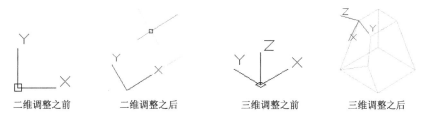

图 4-21　UCS 的图标

（2）面（F）：将 UCS 动态对齐到三维对象的面。要选择一个面，在此面的边界内或面的边上单击，被选中的面将亮显，UCS 的 X 轴将与找到的第一个面上最近的边对齐，如图 4-22 所示。

（3）命名（NA）：按名称保存并恢复通常使用的 UCS 方向。输入选项[恢复(R)/保存(S)/删除(D)/?]

（4）对象（OB）：基于一个选择的对象定义一个新的坐标系，使被选的对象处于新的 XY 平面内，所选的对象只能是点（Point）、直线（Line）、圆（Circle）、圆弧（Arc）、二维多段线（2D Polyline）、三维面（3D Face）、实体（Solid）、轨迹线（Trace）、尺寸（Dimension）及复杂对象（型、文字、块引用、属性、定义等），如图 4-23 所示。

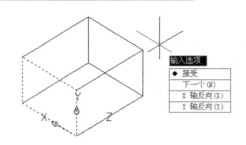
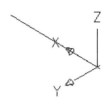

图 4-22　根据三维实体的面建立坐标系　　　图 4-23　根据直线对象建立的坐标系

（5）上一个（P）：恢复上一个 UCS。程序会保留在图纸空间中创建的最后 10 个坐标系和在模型空间中创建的最后 10 个坐标系。重复"上一个"选项逐步返回一个集或其他集，这取决于哪一空间是当前空间。

（6）视图（V）：以垂直于观察方向（平行于屏幕）的平面为 XY 平面，建立新的坐标系，UCS 原点保持不变。

（7）世界（W）：将当前用户坐标系设置为世界坐标系。WCS 是所有用户坐标系的基准，不能被重新定义。

（8）X/Y/Z：沿 X（或 Y/Z）轴旋转已有 UCS 的轴，建立新的 UCS。

（9）Z 轴：用指定的 Z 轴正半轴定义 UCS。

2．使用原点夹点定义新的 UCS 的步骤

（1）单击 UCS 图标，UCS 图标出现夹点，如图 4-24 所示。

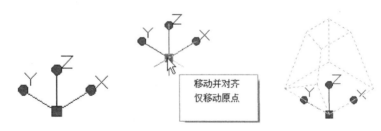

图 4-24　使用原点夹点定义新的 UCS

（2）单击并拖动方形原点夹点到其新位置 [UCS 原点（0,0,0）被重新定义到指定点处]。

（3）单击并拖动圆形夹点，设置 X（或 Y、Z）轴。

提示：要精确放置原点，可使用对象捕捉、栅格捕捉或输入特定 X、Y、Z 坐标。

3．UCSIcon 命令

别名 UCSI。下拉菜单：视图→显示→UCS 图标；功能区："视图"选项卡→"坐标"面板→"UCS 图标特性"。

1）功能

控制 UCS 图标的可见性、位置、外观和可选性。

命令：***UCSICON*** ↵
输入选项 [开(ON)/关(OFF)/全部(A)/非原点(N)/原点(OR)/可选(S)/特性(P)] <开>：

4.4.6 举例

例1 画如图 4-25 所示的图形(主要练习使用对象捕捉进行作图的方法)。

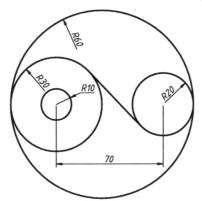

图 4-25 用对象捕捉进行作图

操作过程如下:

(1) 输入 **Z↵**,**A↵**(将 A3 作图区域放大到全视口)

按 F9 键(打开栅格捕捉,可用光标直接定点)。

(2) 画半径 R30 和 R20 的圆。

命令: **C↵** (输入 Circle 画圆命令)

CIRCLE 指定圆的圆心或 [三点(3P)/两点(2P)/相切、相切、半径(T)]:**100,130↵**(可用鼠标定点)

指定圆的半径或 [直径(D)] <0.0000>:**30↵**(可用水平移动鼠标定半径)(画出半径为 30 的圆)

命令: **↵** (重复 Circle 画圆命令)

CIRCLE 指定圆的圆心或 [三点(3P)/两点(2P)/相切、相切、半径(T)]: **移动光标靠近圆心,出现捕捉圆心图标时水平右移光标,当距离为 70 时,单击**(定出半径为 20 的圆的圆心),如图 4-26 所示。

指定圆的半径或 [直径(D)] <30.0000>:**水平移动光标,当距离为 20 时,单击**(设定圆的半径为 20),如图 4-27 所示。

图 4-26 对象追踪定圆心　　图 4-27 极轴追踪定半径

(3) 画半径 R60 的外切圆。

命令: **C↵** (输入 Circle 画圆命令)

CIRCLE 指定圆的圆心或 [三点(3P)/两点(2P)/相切、相切、半径(T)]:**2p↵** (选定两点画圆方式)

指定圆直径的第一个端点：**单击，拾取 R30 圆的左部**（也可用对象捕捉追踪定点或捕捉到切点定点）

指定圆直径的第二个端点：**单击，拾取 R20 圆的右部**

（4）画 R10 的圆。

命令：↵（重复 Circle 画圆命令）
CIRCLE 指定圆的圆心或 [三点(3P)/两点(2P)/相切、相切、半径(T)]：**拾取圆 1 的圆心**
指定圆的半径或 [直径(D)] <60.0000>：**10↵**

（5）画两圆的内公切线。

按 F9 键，关闭栅格捕捉(以便拾取对象)。

命令：**L↵** （输入画直线 Line 命令）
LINE 指定第一点：**单击，拾取 R30 圆的右上部**
指定下一点或 [放弃(U)]：**单击，拾取 R20 圆的左下部**
指定下一点或 [放弃(U)]：↵（结束画直线）

继续操作，用 Trim 修剪命令将图形变为如图 4-28 所示结果。

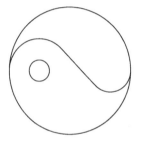

图 4-28 修剪后的图形

例 2 画如图 4-29 所示的图形，尺寸大小自定（主要练习使用极轴追踪和对象捕捉进行作图的方法）。

（1）设置。

① 确认"极轴追踪"、"对象捕捉"和"对象捕捉追踪"是开启的。

② 在"极轴"上单击右键，选择 45，如图 4-30 所示。

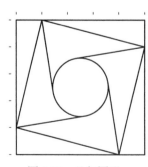

图 4-29 几何图形　　　　图 4-30 设置极轴追踪角增量

（2）画正方形。单击绘图面板中"矩形"按钮，在绘图区拾取一点后，沿 45°方向移动光标，到如图 4-31 所示状态定点，画出一个正方形。

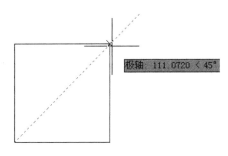

图 4-31 画正方形

（3）画圆。

① 单击绘图面板中的"圆" ⊙ 按钮，按下 Shift 键不放，再按鼠标右键，在弹出的快捷菜单中选择"几何中心"，如图 4-32 所示。光标靠近矩形时，出现几何中心（如图 4-33 所示），此时单击将圆心定在正方形的中心。

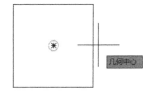

图 4-32 定圆心　　　　　　　　　　图 4-33 定圆半径

② 水平移动光标，画出一个大小适合的圆。

（4）等分正方形的周长。单击绘图面板中的"定数等分" ⚡ 按钮（或选择"绘图→点→定数等分"或输入 Divide）命令提示如下：

命令:_divide

选择要定数等分的对象:*拾取正方形*

输入线段数目或 [块(B)]: *20↵* （将正方形的周长等分20段）

（5）画倾斜正方形（用多段线命令）。单击绘图面板中的"多段线" ⤳ 按钮，单击对象捕捉工具栏中的"捕捉到节点"。按钮，光标移到如图 4-34 所示状态定点。再单击"捕捉到节点"。按钮，定第二点，同理，定出第三、四点，输入 *C↵*，结束画多段线命令。画出倾斜正方形，如图 4-35 所示。

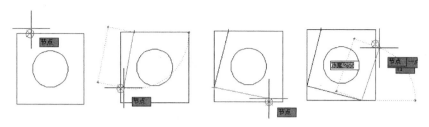

图 4-34 捕捉节点画倾斜正方形的过程

（6）画切线。单击绘图面板中的"直线" 按钮，拾取倾斜正方形的一个角点，再单击对象捕捉工具栏中的"捕捉切点" 按钮，移动光标到如图 4-36 所示状态定点。按回车键结束画直线命令，画出一条切线，如图 4-37 所示。

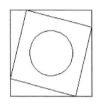　　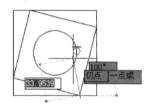　　

图 4-35　画倾斜正方形　　　　图 4-36　捕捉切点　　　　图 4-37　画切线

（7）环形阵列切线。

① 单击修改面板中的"环形阵列" 按钮，如图 4-38 所示。
② 拾取切线后，按回车键。
③ 拾取圆心。按回车键，出现阵列预显效果，如图 4-39 所示。
④ 在功能区将阵列项目数设置为 4。
⑤ 按两次回车键确认阵列结果，结果如图 4-29 所示。

图 4-38　"环形阵列"按钮　　　　图 4-39　阵列预显

4.5　参数化绘图（约束对象）

参数化图形是 AutoCAD 从 2011 版本新增的功能，是一项用于具有约束设计的技术。通过约束，可以在试验各种设计或进行更改时强制执行要求。对对象所做的更改可能会自动调整其他对象，并将更改限制为距离和角度值。AutoCAD 提供有几何约束和标注约束。

4.5.1 几何约束

几何约束既可以对单个对象的几何特性进行控制（如要求一直线为水平线），也可以同时控制多个对象（如要求两条直线平行、直线与圆弧相切等）。应用了几何约束的对象不能自由地修改，修改的结果必须符合几何约束才有效。

1. 添加自动约束

默认状态下“推断约束”模式是关闭的。绘制的几何图形没有添加几何关系，如图 4-40 所示（分别用 Line 命令和 Rectang 命令绘制的矩形）。

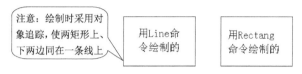

图 4-40 推断约束关闭时绘制的矩形（没有几何约束）

（1）单击功能区的“参数化”选项卡，单击“自动约束”按钮（如图 4-41 所示），命令行提示及操作如下：

命令: _AutoConstrain
选择对象或 [设置(S)]: *在矩形左上角拾取一点*指定对角点: *在矩形右下角拾取一点* 找到 5 个
选择对象或 [设置(S)]: ↵ （两个矩形均被选中）
已将 12 个约束应用于 5 个对象

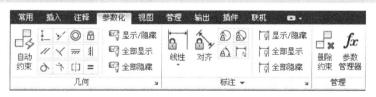

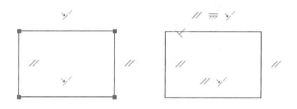

图 4-41 “参数化”选项卡

自动添加的约束关系如图 4-42 所示。

图 4-42 添加自动约束后的显示

（2）单击右边矩形右上角的夹点，移动光标可以看到两矩形的变化（如图 4-43 所示）。读者可以对其他夹点试着操作，分析几何约束的功能。

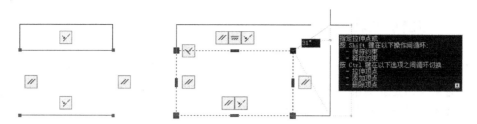

图 4-43　对有几何约束对象夹点的移动操作

2. 开启推断约束

（1）在状态栏中单击"推断约束" 按钮，启用"推断约束"模式（会自动在正在创建或编辑的对象与对象捕捉的关联对象或点之间应用约束）。

（2）绘制一个矩形，会在各线段之间添加几何关系，如图 4-44 所示。

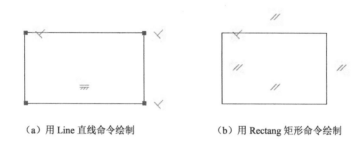

（a）用 Line 直线命令绘制　　　（b）用 Rectang 矩形命令绘制

图 4-44　推断约束开启时绘制矩形添加的几何约束

读者可以比较图 4-42 与图 4-44 的差别。约束图标的含义可从图 4-45 中查找。

3. 几何约束的显示与隐藏

（1）单击"参数化"选项卡"几何"面板中的 全部隐藏 按钮，可全部隐藏几何约束；单击 全部显示 按钮，全部显示几何约束。

（2）光标悬停到已应用几何约束的对象上时，会亮显与该对象关联的所有约束栏（见图 4-45）。

（3）单击用 Rectang 矩形命令绘制的矩形上边线，单击 显示/隐藏 按钮，光标移到绘图区，在出现的菜单中选择"隐藏"（如图 4-46 所示），隐藏上边线的几何约束关系，如图 4-47 所示。

图 4-45　光标悬停在上边线时的显示　　图 4-46　"显示/隐藏"菜单　　图 4-47　隐藏上边线的约束

4. 几何约束的删除

在几何约束图标上单击鼠标右键，在弹出的对话框中选择"删除"。

5．几何约束设置

单击"参数化"选项卡，在"几何"面板中单击 ↘ 按钮，打开"约束设置"对话框，如图 4-48 所示（要了解各项功能，单击"帮助"按钮）。

如图 4-48（a）所示，勾选"推断几何约束"时，其下的"垂直"、"水平"等选项若被勾选，则在绘图时自动添加该约束，否则，该约束关系将不自动添加。

单击"约束设置"对话框中的"自动约束"选项卡，可添加的自动约束如图 4-48（b）所示。

（a）"几何"选项卡

（b）"自动约束"选项卡

图 4-48　"约束设置"对话框

4.5.2　标注约束

标注约束控制设计的大小和比例，它们可以约束以下内容：
（1）对象之间或对象上点之间的距离。
（2）对象之间或对象上点之间的角度。
（3）圆弧和圆的大小。
如果更改标注约束的值，会计算对象上的所有约束，并自动更新受影响的对象。
此外，可以向多段线中的线段添加约束，就像这些线段为独立的对象一样，如图 4-49 所示。

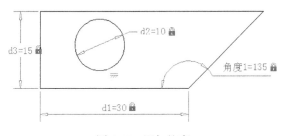

图 4-49　添加约束

1．标注约束举例

将如图 4-50（a）所示的草图，通过编辑，添加几何和标注约束，改为如图 4-50（b）所示的参数化图形。

操作步骤如下：

（1）用 Rectang 矩形命令和 Arc 圆弧命令绘制出如图 4-50（a）所示的草图，绘制时不用关注其大小。

（2）用 Trim 修剪命令修剪多余的线段。

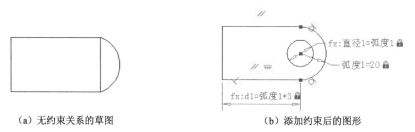

（a）无约束关系的草图　　　　　　　　　（b）添加约束后的图形

图 4-50　约束设置

（3）添加自动约束。单击"参数化"选项卡，单击"自动约束"按钮，选中线段和圆弧，添加的自动约束如图 4-51 所示。

（4）给直线和圆弧添加相切约束。单击"几何"面板中的"相切"按钮，拾取圆弧，拾取水平线，重复 GcTangent 命令，拾取圆弧，拾取另一水平线，结果如图 4-52 所示。

图 4-51　添加自动约束　　　　　　　　　图 4-52　添加相切约束

（5）添加标注约束。

① 单击"参数化"选项卡，单击"标注"面板中的"半径"按钮，拾取圆弧，在圆弧右边单击，将其尺寸数值改为 20（如图 4-53 所示）。

② 单击"标注"面板中的"线性"按钮，拾取左下角，拾取下水平线的右端点（见图 4-53）。

③ 在水平线下方单击，输入 60（即将其长度改为 60）。

（6）绘制同心圆。

① 在状态栏中单击"推断约束"按钮，启用"推断约束"模式。

② 输入 C（Circle 命令），按回车键，光标在圆弧上单击（使圆心与圆弧的圆心重合），移动光标，给定半径，绘制出一个同心圆。

③ 单击"标注"面板中的"直径"按钮，拾取圆，在圆右上边单击，将其尺寸数值改为 20（如图 4-54 所示）。

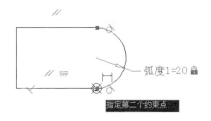
图 4-53　添加标注约束

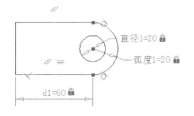
图 4-54　绘制同心圆

（7）添加标注关系表达式。单击"管理"面板中的"参数管理器" *fx* 按钮，打开"参数管理器"对话框，如图 4-55 所示。将表达式修改为如图 4-56 所示后，单击"关闭" ✖ 按钮。

图 4-55　"参数管理器"对话框

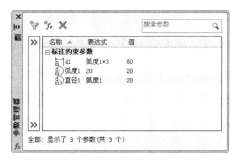
图 4-56　修改后的表达式

（8）改变圆弧的半径。单击圆弧的尺寸，将其值变为 30、15 等，观看其图形变化。图形仅大小发生改变，几何形状不改变，如图 4-57 所示。

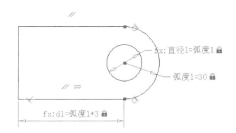
图 4-57　改变圆弧的半径

注意：标注约束与标注对象在以下几个方面有所不同。
（1）标注约束用于图形的设计阶段，而标注通常在文档阶段进行创建。
（2）标注约束驱动对象的大小或角度，而标注由对象驱动。
（3）在默认情况下，标注约束并不是对象，仅以一种标注样式显示，在缩放操作过程中保持相同大小，且不能输出到设备。

如果需要输出具有标注约束的图形或使用标注样式，可以将标注约束的形式从动态更改为注释性。有关详细信息，请参见 AutoCAD 提供的帮助"应用标注约束"。

习 题

4-1. 绘制下列图形。

图 4-58　题 4-1 图

4-2. 绘制下列参数化图形。

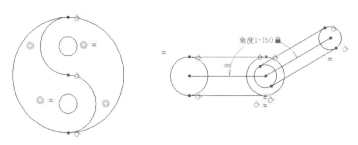

图 4-59　题 4-2 图

第 5 章 对象特性

绘制的每个对象都具有特性。有些特性是常规特性,适用于多数对象;例如,图层、颜色、线型、透明度和打印样式。有些特性是特定于某个对象的特性,例如,圆的特性,包括半径和面积,直线的特性,包括长度和角度。

5.1 图层及其颜色和线型

5.1.1 图层的基本概念

图层(Layer)是用于帮助组织图形的最重要的工具之一。在 AutoCAD 中,任何对象都是绘制在图层上的。图层相当于图纸绘图中使用的透明重叠图纸,但它无厚度。它们具有相同的图形界限、坐标系和缩放比例。用户可将一张图上不同性质的对象分别放在不同的层上,如绘制零件图时,可将图形的轮廓线、中心线、尺寸等分别放在不同的图层上,便于管理和修改,如图 5-1 所示。

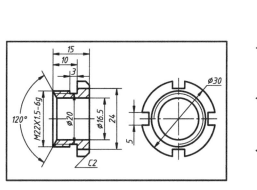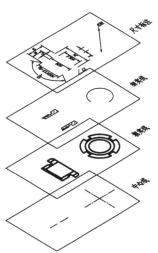

图 5-1 图层的概念

用户可以控制以下内容:
(1)图层上的对象在任何视口中是可见还是暗显。
(2)是否打印对象及如何打印对象。
(3)为图层上的所有对象指定何种颜色。
(4)为图层上的所有对象指定何种默认线型和线宽。

（5）是否可以修改图层上的对象。

（6）对象是否在各个布局视口中显示不同的图层特性。

每个图形均包含一个名为 0 的图层，无法删除或重命名图层 0，该图层有两种用途：

（1）确保每个图形至少包括一个图层。

（2）提供与块中的控制颜色相关的特殊图层。

注意：建议用户创建几个新图层来组织图形，而不是在图层 0 上创建整个图形。

5.1.2 图层的性质

（1）一幅图可以包括多个图层，每个图层上的对象数量没有限制。

（2）每一图层都应有一个图层名，图层名最多可由 31 个字符组成，这些字符可包括字母、数字和专用符号"$"、"–"（连字符）和"_"（下画线）。0 层是 AutoCAD 的默认图层，它不能删除或重命名。

（3）每一图层都有与其关联的颜色、线型、线宽和打印样式，用户可以在不同的图层上用多种颜色、线型和线宽绘制不同类型的对象，组成一幅完整的图形。

（4）图层可以被打开或关闭、冻结或解冻、锁定或解锁。关闭、冻结层上的对象不显示。合理冻结一些图层，能加快系统显示速度。锁定层的对象可以看到，但不能修改。

（5）不包含任何对象的图层可以删除。

5.1.3 图层管理及设置

单击图层面板中的"图层特性"按钮（或输入 Layer 命令，别名为 LA），可打开图层特性管理器，如图 5-2 所示。

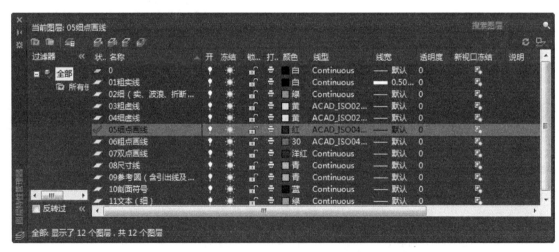

图 5-2 图层特性管理器及 CAD 工程制图图层设置

注意：图 5-2 中所示的图层是参照国家标准《CAD 工程制图规则》（GB/T 18229—2000）设置的。

所有图层的特性及管理图层的操作可在图层特性管理器中完成。可以添加、删除和重命名图层，更改图层特性，设置布局视口的特性，替代或添加图层说明并实时应用这些更改。无须单击"确定"或"应用"按钮即可查看特性更改。图层过滤器控制将在列表中显示的图层，也可以用于同时更改多个图层。

切换空间时（从"模型空间"切换到"图层空间"或从"图层"切换到"视口"），将更新图层特性管理器并在当前空间中显示图层特性和过滤器选择的当前状态。

1．新建图层、删除图层、置为当前图层

在图层特性管理器中：

（1）单击"新建图层" 按钮，创建新图层。列表中将显示名称为"图层 1"的图层。该名称处于选中状态，用户可以直接输入一个新图层名。新图层将继承图层列表中当前选定图层的特性（颜色、开/关状态等）。

（2）单击"所有视口中已冻结的新图层" 按钮，创建图层，然后在所有现有布局视口中将其冻结。可以在"模型"选项卡或布局选项卡上访问此按钮。

（3）单击"删除图层" 按钮，标记选定图层，以便进行删除。单击"应用"或"确定"后，即可删除相应图层。只能删除未被参照的图层。参照图层包括图层 0 和 Defpoints、包含对象（包括块定义中的对象）的图层、当前图层和依赖外部参照的图层。局部打开图形中的图层也被视为参照并且不能删除。

注意：Defpoints 图层是标注尺寸时系统自动生成的图层，该图层中的对象不能被打印。

（4）单击"置为当前" 按钮，将选定图层设置为当前图层。用户创建的对象将被放置到当前图层中。

2．图层列表（List of Layers）

图层特性管理器图层列表中显示了当前图形中的所有图层及其关联的特性，其中各列说明如下。

1）名称（Names）

此列用于显示当前图形中图层的名称。单击名称后，可输入图层的新名称。通过单击此列表头，可以将图层按名称首字母排序。

2）开/关（On/Off）

打开或关闭图层。当图层打开时，此列图标为 ，该图层可见并且可被打印；如果图层关闭时，此列图标为 ，图层不可见，并且即使打开 Plot（打印模式），该图层也不能打印。

3）冻结/解冻所有视口（Freeze/Thaw in All VP）

在所有浮动视口中解冻或冻结图层。当图层冻结时，此列图标为 ，该图层不可见，并且在执行重生成图形、隐藏对象、渲染和打印等操作时不包括此图层；当图层解冻时，此列图标为 ，该图层可见，并且可以执行重生成、隐藏对象、渲染和打印等操作。在复杂图形中，位于冻结图层上的对象不被隐藏、显示和重生成，因此，冻结图层操作有利于提高执行

缩放、平移和重生成图形操作的速度。

4）锁定/不锁定（Lock/Unlock）

锁定或解锁图层。当图层锁定时，此列图标为 🔒，该图层上的对象不能选择或编辑。如果用户只需要查看当前图层的信息，那么适合锁定图层。当图层不被锁定时，此列图标为 🔓，用户可对该图层上的对象执行任意操作。

5）颜色（Color）

此列显示了与图层关联的颜色。单击颜色名将弹出"选择颜色"对话框，如图 5-3 所示，可在其中为图层选择新颜色。通过单击此列表头，可以将图层按颜色的 ACI（AutoCAD Color Index）值排序。不同的层可以有相同的颜色，最好每一层中的对象用同一种颜色，不同的层用不同的颜色。

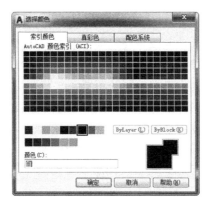

图 5-3　"选择颜色"对话框

6）线型（Linetype）

此列显示了与图层关联的线型。单击线型名将弹出"选择线型"对话框，如图 5-4 所示，可在其中为图层选择新线型。若此对话框中没有所要选取的线型，单击"加载"按钮，弹出"加载或重载线型"对话框，如图 5-5 所示，在此对话框中可选择要加载的线型，单击此列表头，图层按线型排序。

图 5-4　"选择线型"对话框　　　　　图 5-5　"加载或重载线型"对话框

线型是由虚线、点和空格组成的重复图案，显示为直线或曲线。每个对象都有一种相应的线型，每一种线型都有一个名字及其定义，该定义规定了某一特定的点画顺序，以及短画线与空格的相应长度。对象可以从所在的层继承线型，也可以单独被用户规定（用 Linetype 命令）。最好是同一层用同一种线型。如果只用实线可以完全不考虑线型，按默认方式"Continuous"（实线）。当图中用到虚线、点画线时需要设置线型，还要根据图形的比例，设置线型的比例（命令：Ltscale，用于确定不连续线型之间的距离）。

7）线宽（Lineweight）

此列显示了与图层关联的线宽。单击线宽值将弹出"线宽"对话框，如图 5-6 所示。在其中为图层选择新线宽。单击此列表头，图层按线的宽度值排序。

线宽的默认（Default）值为 0.25 mm。改变默认值的方法为，在状态栏的"显示/隐藏线宽"按钮上单击右键（或选择菜单"格式→线宽"），选择"设置"，开启"线宽设置"对话框，如图 5-7 所示。在此对话框中可设置线宽及调整显示比例。

图 5-6 "线宽"对话框

图 5-7 "设置线宽"对话框

注意：画工程图时，最好线宽随层（Bylayer），这样便于控制。

8）打印样式（Plot Style）

此列显示了与图层关联的打印样式。如果当前图层的打印样式由颜色决定时，用户不能修改图层的打印样式；如果当前图层的打印样式不是由颜色决定的，则单击任何打印样式将弹出"选择打印样式"对话框，可在其中为图层指定新的打印样式。

9）打印/不打印（Plot/Don't Plot）

此列可控制图层是否可以被打印。可打印图层的图标为 ，禁止打印图层的图标为 。当图层被冻结时，即使打开图层的打印模式也不能打印图层。

5.2 "图层"和对象"特性"面板

1. "图层"面板

"草图与注释"工作空间"默认"选项卡中的"图层"面板如图 5-8 所示。用其提供的工具可以打开图层特性管理器，将对象的图层设为当前图层，将选定对象的图层更改为与目标图层相匹配，冻结图层、解冻所有图层，选择当前图层，关闭、开启图层，修改图层的颜色，隔离（隐藏或锁定除选定对象图层之外的所有图层），合并（将选定的图层合并为一个目标图层，并将以前的图层从图层中删除），锁定、解锁图层等。

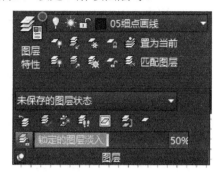

图 5-8 "图层"面板

2. 对象"特性"面板

"草图与注释"工作空间"默认"选项卡中的对象"特性"面板如图 5-9 所示。

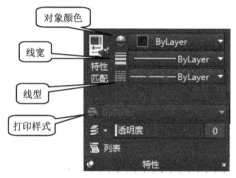

图 5-9 对象"特性"面板

用户可以通过对象"特征"面板快速地查看或修改对象的颜色、线型、线宽、打印样式和透明度。对象特性面板中包含用于查看和编辑这些对象特性的命令。

3. 编辑图层特性

使用图层按钮和图层控制可以查看选择对象的图层、改变对象的图层、将某个图层设置为当前图层、修改图层的特性或访问"图层特性管理器"。显示在图层（Layer）列表框中的图层名称及其关联特性由当前的选择集决定。

（1）未选择对象：显示当前图层名称和图层特性。当用户创建新对象时，对象被创建在当前图层上。

（2）选择了一个对象：列表框中将显示选定对象所在的图层及其关联特性。

（3）选择了多个对象：如果所有选定的对象都在相同的图层上，则显示公共图层名和图层特性；如果选定对象中的任何一个位于不同的图层上，则"图层"列表框为空。

当"图层"列表框打开时，可以通过单击其中的图标来修改所有图层的除图层颜色外的特性。还可以使用图层列表框将对象传递给被锁定、冻结或关闭的图层。但是当一个图层是在插入的外部参照中定义时,则不能将对象传递给该图层,因为它是依赖外部参照的图层。依赖外部参照的图层在列表中显示为无效状态,因此,不能将其设置为当前图层或编辑这些图层上的对象。

如果在"图层特性管理器"中打开了一个过滤器并将其应用到对象特性工具栏中,则图层列表框中将不列出那些被过滤掉的图层。此时,如果用户将指针放在图层列表框上时,工具栏将提示应用了何种过滤器或反向过滤器,而不显示完整的图层名。

用户在不选择任何对象的情况下,从图层列表框中选择的图层将作为图形的当前图层。但由于冻结图层和依赖外部参照图层在列表中不能使用,所以它们不能作为当前图层。如果用户希望选择某个对象所在图层成为当前图层,则可以先选择要将其所在图层变为当前图层的对象,然后单击"将对象的图层置为当前层"按钮。

4. 编辑颜色

使用颜色(Color)列表框,用户可以查看选定对象的当前颜色,改变对象的颜色或使一种颜色成为当前颜色。在默认状态时,颜色列表列出 ByLayer(随层)、ByBlock(随块)和 7 种标准颜色。如果所需颜色没有在列表中,可选择其他"Other"选项,然后从弹出的"选择颜色"对话框中选择。AutoCAD 自动将 4 种从对话框中选择的、最近使用的非标准颜色添加到列表中。输入 Color 命令可打开"选择颜色"对话框。

5. 编辑线型/线宽

用户可以使用"线型/线宽"(Linetype/Lineweight)列表框来查看选定对象的线型/线宽,改变对象的线型/线宽或使某种线型/线宽成为当前线型/线宽,还可以通过它启动"线型/线宽"管理器(Linetype 命令)。在"线型/线宽"列表框中显示的线型取决于当前的选择集。在 AutoCAD 中共有三种选择集情况。

(1)未选择对象:显示当前线型(宽)。当用户创建新对象时,当前线型(宽)被应用到对象上。

(2)选择了一个对象:显示选定对象的线型(宽)。

(3)选择了多个对象:如果所有选定的对象具有相同线型(线宽),则显示该线型(线宽)。如果选定的对象具有多种线型,则"线型/线宽"列表框为空。

注意:AutoCAD 不能将依赖外部参照的线型设置成为当前线型或分配给对象,所以,这些线型的名称将不在"线型"列表框中显示。

当用户打开线型 Linetype 列表时,其中只显示 ByLayer、ByBlock、Continuous 和其他已加载的线型。如果未列出所需的线型,可启动"线型管理器"(Linetype Manager)对话框,从中选择并加载其他线型。

"线宽"列表框 ByLayer、ByBlock 和所有可用的线宽,以及最近使用过的 6 个线宽显示在列表顶部,其他所有线宽显示在列表下方。

用户要修改对象的线型(宽),首先要选择该对象,然后从 Linetype 或 Lineweight 列表框中选择一种线型或线宽。如果未找到所需的线型或线宽,则选择 Others,加载其他线型或线宽。

注意:绘制工程图时,最好使线型、线宽都随层,不要单独设置,这样便于控制。

6. 关于块

由于块是独立的对象（参阅 1.9 节），因此了解它的特性非常重要。尽管组成块的每个对象都保留其自身的对象特性，对象特性工具栏只反映块的对象特性，而不是它某一部分的特性。这与外部参照相似，因为外部参照是简单的外部块。块的图层、颜色、线型和线宽值是插入块时的当前图层、颜色、线型和线宽值，除非在插入块后手动为它们分配其他值。对于块中包含的独立对象，AutoCAD 在其上绘制对象的图层总是创建块时对象所在的图层。

如果块中对象的特性设置为"随层（ByLayer）"，则对象使用当前图层的颜色、线型和线宽；如果块中对象的特性设置为"随块（ByBlock）"，则对象使用当前块的颜色、线型和线宽。改变插入块的颜色、线型或线宽，只影响块中的 ByBlock 对象。

5.3 对象特性窗口和特性匹配 Matchprop 命令

5.3.1 对象特性窗口

单击"特性"面板右下角的箭头图标（或输入 Properties 对象特性命令）时，将开启"特性"窗口，如图 5-10 所示。对象特性窗口是用来修改对象特性（包括已定义的特性）的主要手段。当选择一个对象时，对象特性窗口就显示该对象的特性（见图 5-11）。当选中多个对象时，对象"特性"窗口将显示这些对象的所有公共特性，这些公共特性包括以下几个方面。

图 5-10 对象"特性"窗口

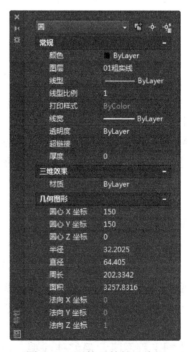

图 5-11 圆的"特性"窗口

(1) 颜色（Color）：显示或设置颜色。
(2) 图层（Layer）：显示或设置图层。
(3) 线型（Linetype）：显示或设置线型。
(4) 线型比例（Linetype Scale）：显示或设置线型缩放比例。
(5) 线宽（Lineweight）：显示或设置线宽。
(6) 透明度（Transparency）：指定当前透明度。
(7) 厚度（Thickness）：显示或设置厚度。
(8) 三维效果：控制三维显示效果。
(9) 打印样式（Plot Style）：显示或设置打印样式。
(10) 超链接（Hyperlink）：显示或设置超链接。

特性窗口向用户提供了查看和修改所有对象公共特性的捷径。使用特性窗口编辑单一或多个对象特性的方法如下：

(1) 输入 *properties* ↵（或从菜单栏中选择"修改→特性"或单击"特性"面板右下角的箭头图标）。
(2) 选择要修改其属性的对象。
(3) 对象"特性"窗口列出了选定对象的特性。
(4) 在对象"特性"窗口中，选择要修改的特性并设置新值。
(5) 按回车键完成操作。

注意：此时被选的对象仍处于被选中状态，要查看别的对象，需按 Esc 键，先取消当前的选择，再选择其他对象。

5.3.2 特性匹配 Matchprop 命令

1．功能

将一个对象的部分或所有特性复制到另一个或多个对象上。可以复制的特性包括颜色、图层、线型、线型比例、线宽、打印样式、透明度和其他指定的特性，有时也包括标注、文字和图案填充特性。

2．访问方法

(1) 单击"默认"标签→"剪贴板"面板→"特性匹配"按钮。
(2) 单击标准工具栏 按钮。
(3) 选择菜单栏中的"修改"→"特性匹配"。
(4) 输入 Painter 或 Matchprop（'Matchprop 可以透明使用）

3．使用方法

(1) 单击"默认"标签→"剪贴板"面板→"特性匹配"按钮（发出特性匹配命令）。
(2) 选择源对象。
(3) 选择目标对象。

5.3.3 举例

例 画出如图 5-12 所示的法兰盘图形(主要练习刚学习过的命令)。

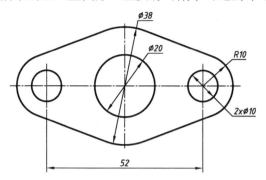

图 5-12 法兰盘

分析此图可看出,它左右对称,可以画出一半后,另一半用 Mirror 命令镜像画出。此图至少需要细点画线、粗实线和尺寸三个图层。

1. 设置图层

单击"默认"选项卡 "图层"面板上的"图层特性" 按钮,打开"图层特性管理器"对话框,并将它设置成如图 5-13 所示后,单击"关闭" ✕按钮,关闭"图层特性管理器"对话框。

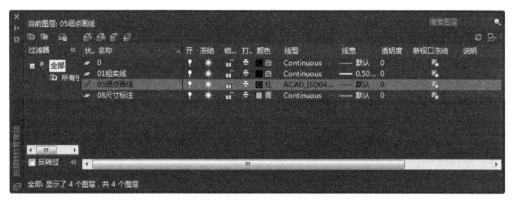

图 5-13 在"图层特性管理器"对话框中设置图层及其特性

2. 缩放显示

分别输入 **Z↵**、**A↵**(将 A3 默认绘图区域缩放到全绘图窗口)。

3. 画中心线

> 命令:**L↵**
> LINE 指定第一点:**100,150↵**
> 指定下一点或 [放弃(U)]:**@80,0↵**(DYN 开启时,可不输入@)
> 指定下一点或 [放弃(U)]:**↵**

命令: ↵
LINE 指定第一点: **140,130**↵
指定下一点或 [放弃(U)]: **@0,40**↵（DYN 开启时，可不输入@）
指定下一点或 [放弃(U)]: ↵（画出中心线）

4．设置坐标系

（1）单击绘图区左下角的 UCS 图标，将其激活，如图 5-14 所示。
（2）单击原点，然后将坐标原点移到中心线的交点处（见图 5-15）单击。
（3）选择菜单栏中的"视图"→"显示"→"UCS 图标"→"原点"（或输入 **UCSICON**↵，选择"非原点"），使坐标图标显示在绘图窗口的左下角。

5．画最右的中心线

命令: **L**↵
LINE 指定第一点: **26,-7**↵
指定下一点或 [放弃(U)]: **@0,14**↵（可向上移动光标，指定方向，输入距离 14）
指定下一点或 [放弃(U)]: ↵ 结果如图 5-16 所示。

图 5-14　单击 UCS 图标　　图 5-15　将原点移到中心线交点处　　图 5-16　画最右中心线

6．轮廓线

（1）将"01 粗实线"设置为当前层。
单击图层面板中的 ▼ 05细点画线 ▼ ，选择"01 粗实线"层。将光标移到中心线中心处，向前滚动鼠标中键滚轮，放大中心线区域的显示。
（2）画圆。

命令: **C**↵
CIRCLE 指定圆的圆心或 [三点(3P)/两点(2P)/相切、相切、半径(T)]: **拾取左交点**
指定圆的半径或 [直径(D)]: **19**↵ （给定半径 19）
命令: ↵（重复画圆命令）
CIRCLE 指定圆的圆心或 [三点(3P)/两点(2P)/相切、相切、半径(T)]: **拾取圆心**
指定圆的半径或 [直径(D)] <19.0000>: **10**↵（给定半径 10）
命令: ↵
CIRCLE 指定圆的圆心或 [三点(3P)/两点(2P)/相切、相切、半径(T)]: **拾取右交点**
指定圆的半径或 [直径(D)] <10.0000>: ↵
命令: ↵
CIRCLE 指定圆的圆心或 [三点(3P)/两点(2P)/相切、相切、半径(T)]: **拾取右交点**
指定圆的半径或 [直径(D)] <10.0000>: **5**↵

（3）画切线。

命令：**L↵**
LINE 指定第一点：**单击◎按钮，拾取大圆的右左上部**
指定下一点或 [放弃(U)]：**单击◎按钮，拾取右大圆的右左上部**
指定下一点或 [放弃(U)]：**↵**

同理，画出下面的切线，如图5-17所示。

（4）修剪多余的线。

命令：**TR↵**
TRIM
当前设置：投影=UCS，边=无
选择剪切边...
选择对象或 <全部选择>：**拾取竖直中心线**
（作为修剪边界）

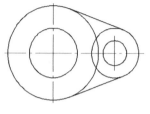

图5-17 画圆和切线

选择对象：**拾取上切线**
选择对象：**拾取下上切线**（见图5-18）
选择对象：**↵**
选择要修剪的对象，或按住 Shift 键选择要延伸的对象，或
[栏选(F)/窗交(C)/投影(P)/边(E)/删除(R)/放弃(U)]：**拾取大圆的左部**（修剪不要的部分）
选择要修剪的对象，或按住 Shift 键选择要延伸的对象，或
[栏选(F)/窗交(C)/投影(P)/边(E)/删除(R)/放弃(U)]：**拾取大圆的右部**
选择要修剪的对象，或按住 Shift 键选择要延伸的对象，或
[栏选(F)/窗交(C)/投影(P)/边(E)/删除(R)/放弃(U)]：**拾取圆3的左部**
选择要修剪的对象，或按住 Shift 键选择要延伸的对象，或
[栏选(F)/窗交(C)/投影(P)/边(E)/删除(R)/放弃(U)]：**↵**（结束修剪命令）

结果如图5-19所示。

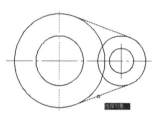
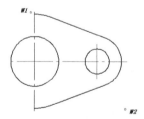

图5-18 选择剪切边界　　　　图5-19 修剪多余的线

（5）镜像复制出另一半。

命令：**MI↵**
MIRROR
选择对象：**在W1点附近单击**指定对角点：**在W2点附近单击**找到8个（见图5-19，注意：不要选择不需要镜像的对象）
选择对象：**↵**
指定镜像线的第一点：**拾取对称线的交点**指定镜像线的第二点：**竖直上移光标拾取一点**
要删除源对象吗？[是(Y)/否(N)] <N>：**↵**

（6）整理图线。

用 LTScale 线型比例命令或"对象特性"、BREAK 命令或夹点等，将图线整理到符合制图标准要求，如图 5-12 所示。

习 题

5-1．建立新图层，不同层选用不同的颜色、线型。

5-2．练习用夹点编辑对象。

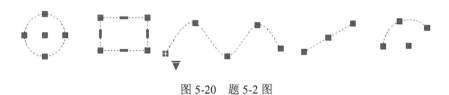

图 5-20 题 5-2 图

5-3．绘制下列图形（绘制时可参照右边提示）。

（1）斜度。

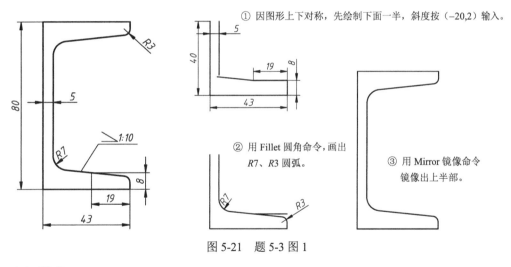

图 5-21 题 5-3 图 1

（2）锥度。

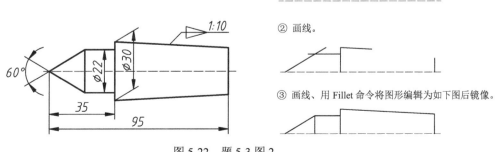

图 5-22 题 5-3 图 2

（3）根据所给尺寸，绘制下列平面图形。

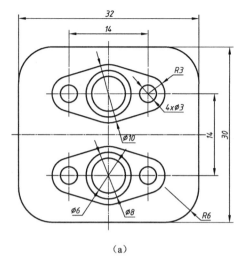

(a)

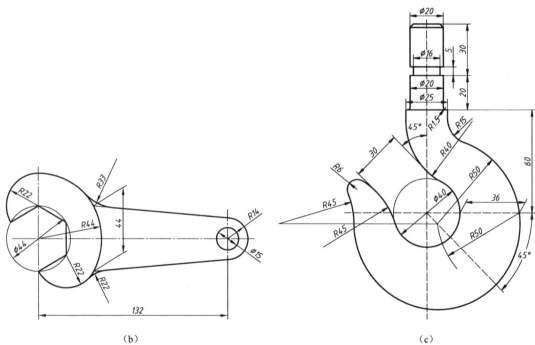

(b)　　　　　　　　　　　　　　　(c)

图 5-23　题 5-3 图 3

第6章 文字命令、创建表格和引线

6.1 AutoCAD 的文字命令

文字是图形中必不可少的。AutoCAD 提供了单行文字命令 Text、Dtext（别名 DT、图标 AI）和多行文字命令 Mtext（别名 T、图标 A），用来在图形中添加文字。

文字工具栏如图 6-1 所示。

图 6-1 文字工具栏

一些字符不能在键盘上直接输入，AutoCAD 用控制码来实现，控制码是两个百分号%%，下面列出的是常用的特殊字符。

%%c　　圆直径符号"φ"　　　　　例如，φ45，输入文字时输入 **%%c45**
%%d　　角度的符号"°"　　　　　例如，45°，输入文字时输入 **45%%d**
%%p　　正负公差符号"±"　　　　例如，30±0.021，输入文字时输入 **30%%p0.021**

更多符号，可在"文字编辑器""插入"面板"符号"中查找。

6.1.1 DText 和 Text 文字命令

文字命令别名 DT。菜单：绘图→文字→单行文字；文字工具栏：AI；"默认"选项卡→"注释"面板。

（1）功能：创建单行或多行文字。单行文字的文字编辑器包含高度为文字高度的边框，该边框随着用户的输入展开。单击鼠标右键，然后在快捷菜单上选择选项。每行文字是一个独立的对象。要结束一行并开始另一行，按回车键。按两次回车键结束命令。

（2）应用示例。

```
命令: DT ↵（输入 DText 命令）
TEXT
当前文字样式:  "Standard"   文字高度: 2.5000   注释性: 否
指定文字的起点或 [对正(J)/样式(S)]: 拾取一点
指定高度 <2.5000>: 5↵
指定文字的旋转角度 <0>: ↵
```

然后输入"***技术要求123456***",按回车键换行后,输入"**_%%c78%%p0.02,90%%d_**",(注意中英文的切换)按回车键两次或按 Ctrl+回车组合键,结束单行文字命令,屏幕显示结果如图 6-2(a)所示,其中数字字体不符合国标。

abcd Ø35±0.021 90°
技术要求

(a)默认的 Arial.shx 字体

abcd   *Ø35±0.021*   *90°*
技术要求

(b)设置的 gbeitc.shx 字体

图 6-2 书写单行字体

注意:在 DTEXT 命令执行过程中,所有的菜单都不能使用,必须用键盘来完成该命令。

6.1.2 Style 文字样式命令

文字样式命令别名 ST。菜单:格式→文字样式;文字工具栏: ;"默认"选项卡→"注释"面板。

(1)功能:创建、修改或设置命名文字样式,包括字体(Style Name)、字高(Height)、宽度因子(Width Factor)、倾斜角(Oblique Angle),以及向后倒置或垂直定向(Back Wards or Upside down)和使用大字体(Use Big Font)等。

(2)用法。

① 输入 **STYLE**↙(或单击 、或选择"格式→文字样式"),开启"文字样式"对话框(见图 6-3)。

② 在"字体"栏中,单击"SHX 字体:"下的列表,按 g 键快速选择"gbeitc.shx"(国标斜体字母、数字);复选"使用大字体";单击"大字体:"下的列表,按 g 键快速选择"gbbig.shx",其他用默认选项,如图 6-3 所示。

③ 单击"应用"按钮。

④ 单击"关闭"按钮。

文字样式变为如图 6-2(b)所示,已符合制图国标要求。

图 6-3 "文字样式"对话框

6.1.3 MText 多行文字命令

多行文字命令别名 T。菜单：绘图→文字→多行文字；文字工具栏：**A**；"默认"选项卡→"注释"面板。

功能：在指定范围内创建多行文字。

命令：*T* ↙
MTEXT 当前文字样式:"Standard" 当前文字高度:5
指定第一角点：*拾取一点*
指定对角点或 [高度(H)/对正(J)/行距(L)/旋转(R)/样式(S)/宽度(W)]：*拾取一点*

开启"文字编辑器"和"文字输入框"，如图 6-4 所示。按要求输入文字后，在"文字输入框"外单击（或单击"关闭文字编辑器"图标，或按 Ctrl+回车组合键），结束命令。

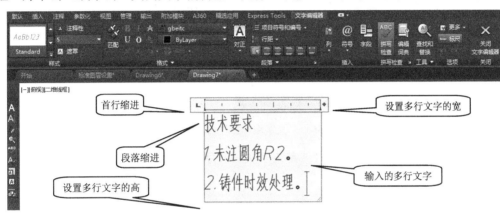

图 6-4 "文字编辑器"和"文字输入框"

"文字编辑器"的详细说明参阅 AutoCAD 的帮助文件。

6.1.4 创建堆叠文字（分数和公差）

堆叠文字是指类似分数的上、下两组文字。只有在选定的多行文字中包含堆叠字符，才能创建堆叠文字。堆叠字符包括正向斜杠（/）、插入符（^）和井号（#），堆叠字符会使其左侧的文字堆叠在其右侧的文字上面。

1）堆叠字符的作用

（1）斜杠（/）：以垂直方式堆叠文字，用水平线分隔。如 *H7/g6*，堆叠后为 $\dfrac{H7}{g6}$。

（2）插入符（^）：创建公差堆叠，不用直线分隔。如"ϕ25–0.020^–0.041"，将"–0.020^–0.041"堆叠后为 $\phi 25^{-0.020}_{-0.041}$。

（3）井号（#）：以对角方式堆叠文字，用对角线分隔。如 1#2，堆叠后为 1/2。

2）创建堆叠的方法

例如，将如图 6-5（a）所示的尺寸标注，修改为如图 6-5（b）所示，方法如下：

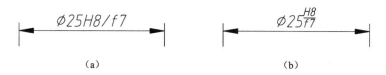

图 6-5 编辑文字

（1）选择"修改"→"对象"→"文字"→"编辑"（或输入 Ddedit 命令，或单击 按钮）。

（2）选择要编辑的文字 ø25H8/f7（也可直接双击尺寸，编辑尺寸文字）。

（3）拖动鼠标选取 H8/f7。

（4）单击"文字编辑器""格式"面板中的 堆叠 按钮，如图 6-6 所示。

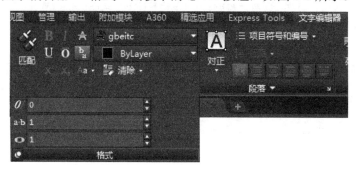

图 6-6 "文字编辑器"格式面板

（5）在"文字输入框"外单击（或单击"关闭文字编辑器" 图标），完成修改。

3）取消堆叠的方法

取消堆叠的方法与创建堆叠的方法相同。

6.2 创建表格

表格是在行和列中包含数据的复合对象，可以通过空的表格或表格样式创建空的表格对象，还可以将表格链接至 Microsoft Excel 电子表格中的数据。AutoCAD 提供 Table 表格、TableEdit 编辑表格等命令。

例 1 创建如图 6-7 所示的表格。

5	轮子	1	HT200
4	轴	1	Q235
3	轴承	2	
2	支架	2	HT150
1	底板	1	HT150
序号	名称	数量	材料

图 6-7 表格

步骤如下：

（1）输入 **Table↵**（或单击"默认"选项卡"注释"面板中的 表格），系统弹出"插入表格"对话框，将其设置为如图6-8所示后，单击"确定"按钮。

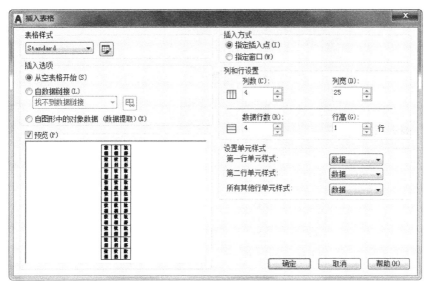

图6-8 "插入表格"对话框

（2）在绘图区单击，这时系统自动插入表格，光标在左上角第一栏中闪烁。

（3）依次输入字符，按方向键或Tab键在单元格之间切换，如图6-9所示。输入完成后，按回车键，退出表格。

（4）单击表格线（表格被选中变虚并出现控点，光标暂停在控点，会显示该控点的功能），调整第一、第三列列宽，如图6-10所示。

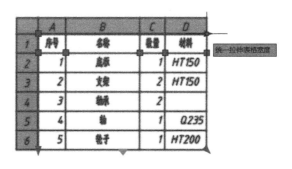

图6-9 表格内容　　　　　　　图6-10 表格线被选中的表格

（5）按Esc键，取消对表格的选择。

（6）单击单元格，功能区出现"表格单元"选项卡，如图6-11所示。

（7）双击单元格，可编辑单元格中的内容。此时，功能区出现"文字编辑器"选项卡。

（8）让第一、第三列中的数字居中。分别在列表头"A"、"C"上单击鼠标右键，在弹出的快捷菜单中选择"单元样式"→"数据"，可将数字居中显示，如图6-12所示。

（9）用Mirror镜像命令，上下镜像表格（要删除源表格），完成表格制作。

AutoCAD2018 快速入门与工程制图

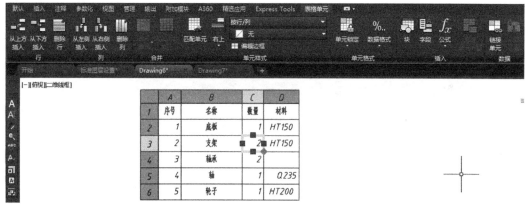

图 6-11 选中的单元格及其属性选项卡

图 6-12 设置列的单元样式

6.3 创建引线

　　引线对象通常包含箭头、可选的水平基线、引线或曲线和多行文字对象或块，如图 6-13 所示。多重引线（Mleader）对象包含一条引线和一条说明。可以先创建箭头或尾部，也可以先创建内容。如果已使用多重引线样式，则可以从该样式创建多重引线。多重引线对象可以包含多条引线，每条引线可以包含一条或多条线段，因此，一条说明可以指向图形中的多个对象。可以在"特性"选项板中修改引线线段的特性。使用 MLEADEREDIT 或从引线夹点菜单选择选项，可将引线添加到多重引线对象或从中删除引线（参见使用夹点修改引线）。

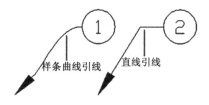

图 6-13 引线样式

例 2　对图 6-14 中的不同零件标注序号。

标注步骤如下：

（1）在"草图与注释"工作空间中单击"默认标签"→"注释面板"中的 引线 按钮，如图 6-15 所示。

(2) 按功能键 F3，关闭对象捕捉。

(3) 在轴的区域内单击，向左上方移动光标，定点，输入 1，在文字框外单击，标注 1 个序号，如图 6-16 所示。可以看出默认标注不符合 GB 要求，需要设置。

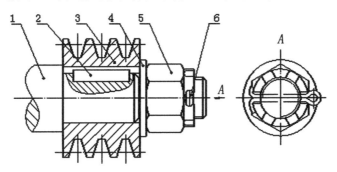

图 6-14　引线标注举例

图 6-15　注释面板

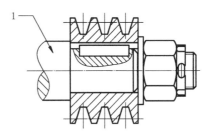

图 6-16　标注零件序号

(4) 展开"注释"面板，单击"多重引线样式" 按钮，开启"多重引线样式管理器"对话框，如图 6-17 所示。

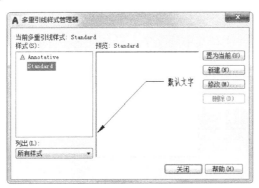

图 6-17　"多重引线样式管理器"对话框

(5) 单击 修改(M) 按钮，弹出"修改多重引线样式：Standard"对话框，将"引线格式"选项卡中的"符号"改为"小点"；将"引线结构"选项卡中的"设置基线距离"设为 1；将"内容"选项卡设置成如图 6-18 所示后，单击"确定"按钮，单击"关闭"按钮，完成修改。

(6) 同理，标注出其他零件序号。

(7) 若标注的序号不在同一条水平线上，用 Mleaderalign 命令对齐，其按钮 在 引线列表中，如图 6-19 所示。

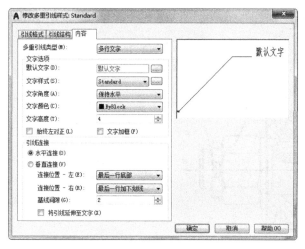

图 6-18 "修改多重引线样式：Standard"对话框

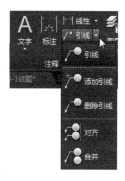

图 6-19 "引线"列表

习 题

6-1. 在图中注写下列文字。

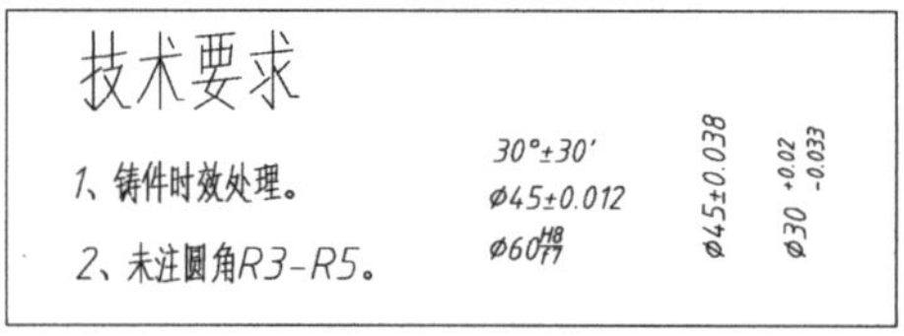

图 6-20 题 6-1 图

6-2. 绘制下面标题栏并注写其中的文字，以文件名"标题栏"存盘。

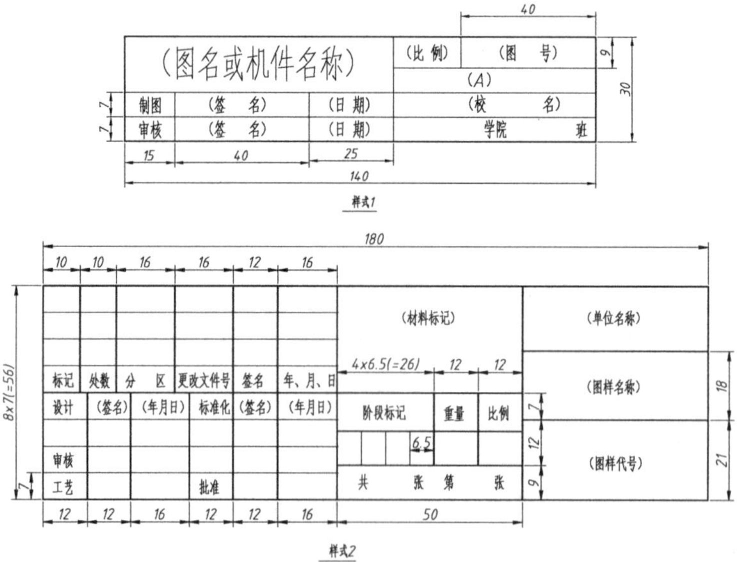

图 6-21 题 6-2 图

6-3. 对螺纹连接进行标注。

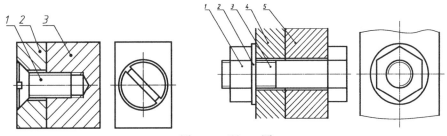

图 6-22　题 6-3 图

第 7 章 图案填充和块对象

7.1 AutoCAD 的图案填充

图案填充是用某种图案充满图形中的指定区域。可以使用当前线型定义简单的线图案，也可以创建更复杂的填充图案。实体填充是使用实体颜色填充区域。渐变填充是在一种颜色的不同灰度之间或两种颜色之间使用过渡。绘制机械图时用图案填充画剖面线，绘制建筑图时用图案填充画剖面或断面图等。

图案填充和填充并非必须有边界。可以从多个方法中进行选择以指定图案填充的边界：一是指定对象封闭区域中的点，即在封闭的区域内选取一点（Pick Points），AutoCAD 根据选取点自动寻找边界对象，二是选择封闭区域的对象，三是将填充图案从工具选项板或设计中心拖动到封闭区域。

7.1.1 创建图案填充

AutoCAD 提供了 Hatch 命令填充封闭区域或指定的边界。Hatch 命令创建关联或非关联的图案填充。关联图案填充是指填充图案与它们的边界相链接，当修改边界时填充区域将自动更新，如图 7-1 所示。

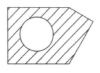
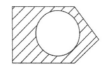
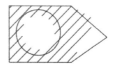

图 7-1 关联与不关联填充图形

默认时，使用 Hatch 命令创建的图案填充区域是关联的。用户可在任何时候删除关联的图案填充或修改默认设置创建非关联图案填充。

举例：

例 1 绘制如图 7-2 所示的图形。

图 7-2 图案填充样例

步骤如下：

（1）画出 6 个半径 $R=10$ 的圆。

（2）单击"常用"选项卡"绘图"面板上的"图案填充"按钮（或选择"绘制/图案填充"，或输入 HATCH 或 H），系统在功能区显示"图案填充创建"选项卡，如图 7-3 所示。

图 7-3　"图案填充创建"选项卡

（3）单击"图案"面板中的"ANSI31"按钮，在第一个圆内单击，出现填充预览，按回车键（或单击"关闭图案填充创建"按钮），完成第一个填充。

其后的图案填充读者可自己完成，注意角度和比例的修改。

可一次选择多个要填充的区域。如果选择了非闭合的区域，AutoCAD 将显示警告信息。此时，需进一步调整。

例 2　绘制如图 7-4 所示的图形。

步骤如下：

（1）画出外轮廓图形。

（2）单击"常用"选项卡"绘图"面板上的"图案填充"按钮，单击"图案填充创建""图案"面板右下角的按钮，在弹出的图案中选择"AR-B816"，如图 7-5 所示。在上面图形区域单击，将"图案调整比例"设置为 0.5，按回车键，完成"砖"图案填充。

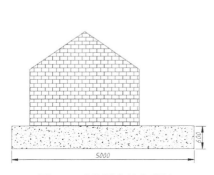

图 7-4　建筑图案填充举例

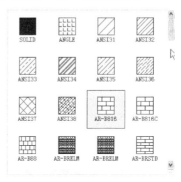

图 7-5　系统预定义的填充图案

（3）按回车键，重复图案填充命令，单击"图案填充创建""图案"面板右下角的按钮，在弹出的图案中选择"AR-CONC"，在上面图形区域单击，将"图案调整比例"设为 1。按回车键，完成"混凝土"图案填充。

注意：建筑图形尺寸一般比较大。若绘制的图形尺寸较小，用"AR-B816"、"AR-CONC"填充，若比例调整不当，不会出现理想效果。

7.1.2　创建渐变填充

渐变填充改变光源反射到对象上的外观，可用于增强演示图形。

例 3　绘制如图 7-6 所示的图形。

步骤如下：

（1）绘制轮廓线。用 Pline 多段线、Ellipse 椭圆、Rectang 矩形圆角命令和 Offset 偏移复制命令，画出轮廓线。

（2）渐变填充。单击“常用”选项卡“绘图”面板上的“图案填充”按钮下的“渐变色”按钮，如图 7-7 所示。

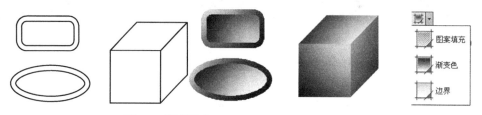

图 7-6　渐变填充

图 7-7　填充按钮

（3）编辑。观察填充效果，如不合适，可单击填充图案（用图案填充编辑器，如图 7-8 所示）或双击填充图案（用图案属性栏，见图 7-9），编辑修改颜色、渐变色名称等。

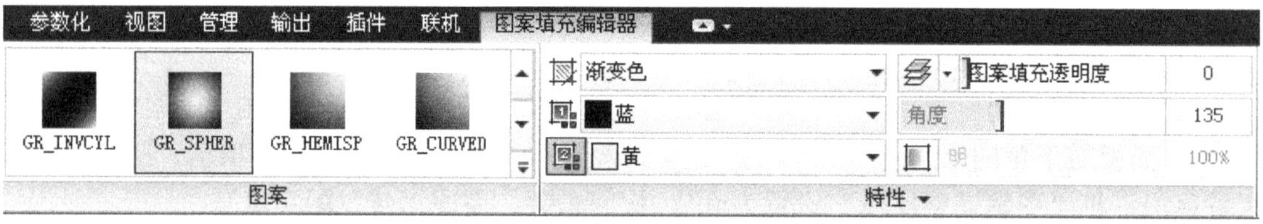

图 7-8　渐变色“图案填充编辑器”

图案填充	
颜色	ByLayer
图层	0
渐变色名称	球形
注释性	否
关联	否
颜色 1	蓝
颜色 2	黄
渐变色角度	135

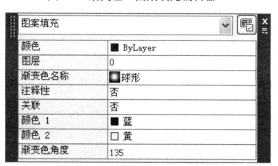

图 7-9　图案填充属性栏

（4）隐藏轮廓线。填充完成后，拾取轮廓线，单击鼠标右键，在弹出的快捷菜单上选择“绘图次序→置后”。

7.1.3　“图案填充和渐变色”对话框

在“AutoCAD 经典”工作空间中，使用 Hatch 图案填充命令，系统弹出“图案填充和渐变色”对话框，如图 7-10 所示，其各项功能可参阅 AutoCAD 提供的帮助文档。

图 7-10 "图案填充和渐变色"对话框

7.1.4 编辑图案填充

图案填充后，用户可以用 Hatchedit 命令修改它的角度、间距或定义新填充图案。也可以用 Explode 命令将其分解为线条的组合。

1. 使用 Hatchedit 命令的方法

在菜单栏选择"修改→对象→图案填充"，或输入 Hatchedit，或在要编辑的图案上单击或双击可编辑图案。

2. 编辑填充边界和图案

用户可以对填充编辑进行复制、移动及拉伸等操作。修改填充后，关联填充将被更新，以与它们边界的任意变化相匹配，但非关联填充将不被更新。如果在编辑填充图案的边界几何图形时选择填充图案本身，填充图案将解除关联（除非选择填充图案的整个边界）。如果要使填充图案保持关联，则必须只选择边界几何图形，而非填充图案。如果删除关联填充的内部边界几何图形，填充图案将自动更新。如果全部或一部分外部边界几何图形被删除，则填充图案总是不关联的。

7.2 AutoCAD 的块对象

在实际绘图过程中，有些东西会重复出现，如一些符号、标准件或者标题栏等。如果不断重复画这些图形，不仅费时，也毫无意义。为解决这一问题，AutoCAD 引入了块的概念。

块是把图形中的若干对象结合成一个对象,给它命名并存储在图中的一个组合对象。在需要用到这个组合对象时,可以通过 Insert 命令把它插入图中任意位置,在插入时可以给它不同的比例和转角。块一旦被定义,就被当做单一的图形对象,就像一条直线一样,可以用编辑和询问等命令进行处理。构成块的对象可以有不同的颜色、线型及不同的图层,块本身可含有其他块,即可以嵌套,而且 AutoCAD 对块的嵌套层数没有限制,但不允许自身引用。引入块可大大提高绘图效率,它的具体功能如下:

(1)图形共享及体系结构化。根据不同要求,把常用的、反复出现的图形(如机械图中的标准件、常用件等)做成块,并构成图形库、符号库,以便在其他图中供别的设计人员调用,这样可避免许多重复性的工作。

(2)便于修改。一张工程图纸不可避免地要经常修改,如建筑图中要更换楼房的窗户,图中一样的窗户,如逐个修改就要花费很多时间。但是只要在画窗户时就把它定义成块,修改时只需简单地再定义一次该块,多个窗户就可以一起被修改了。

(3)节省空间。AutoCAD 在图形中每增加一个对象都要增加图形文件占用的存储空间,以记录此对象的有关信息,如对象所处的位置及其尺寸等。而对块的每一次插入,AutoCAD 仅需记住该块的插入点坐标、块名、比例和转角,这就大大减少了占用的空间。

(4)加入属性。有时图中需要一些文本信息,这些文本信息可以在每次块插入时改变,并可控制其可见性。这样的文本信息称为属性。用户可以从图中提取属性,并把它们传送到数据库中。

相关命令有 Block(定义块)、Insert(插入块)、Base(定基点)、Wblock(块写盘)、Rename(块改名)、Purge(删除块)。

7.2.1 块的定义及引用

图 7-11 "块"面板

1. Block 创建块命令

创建块命令别名 B。菜单:绘图→块→创建;按钮:。功能区"默认"选项卡"块"面板如图 7-11 所示。

功能:把一组对象定义成块,以备调用,但由它定义的块不能存盘。

下面结合表面粗糙度介绍创建块的方法:

(1)按国标画出表面粗糙度符号√。

注意:按比例 1:1 出图,图中字体高度以 3.5 mm 定尺寸,表面粗糙度符号每段线长约为 5.67 mm,用 PL 命令单击一点后,依次输入"@–5.67,0"、"@5.67<–60"、"@11.34<60"、"@12<0"。

(2)单击 按钮(或输入 Block 命令),在弹出的"块定义"(Block Definition)对话框中输入块名"CCD",如图 7-12 所示。

(3)单击 按钮(选择定义块的对象),"块定义"对话框暂时消失,选择√后按回车键,又回到"块定义"对话框。

(4)单击 按钮(拾取块的插入点),"块定义"对话框又暂时消失,拾取√的最下点,又回到"块定义"对话框。

图 7-12 "块定义"对话框

(5) 单击"确定"按钮,完成块定义。

2. "块定义"对话框的部分选项说明

(1) 基点(Base Point):用于拾取(或输入)插入基点的坐标值。当用户执行块插入操作时,插入点与光标十字中心重叠。插入点的默认值是坐标系原点(0,0,0)。单击 拾取点(K) 按钮暂时关闭对话框,使用户能在当前图形中拾取插入基点。也可以直接给定 x,y,z 坐标。

(2) 说明(Description):用于输入说明文字,用户最好输入块中对象的简要说明,或是块特征的提示信息,这样有助于在包含许多块的复杂图形中迅速检索到该块。

在块定义中指定的图标和输入文字说明有助于在 AutoCAD 设计中心标识和查找块定义。新定义的块保存在当前图形中。块定义与文字样式一样,都是保存在图形中的非图形对象。

注意:块定义是十分灵活的,一个块中可以包含不同图层上的对象,也可以将对象的图层和特性信息保存在块中。如果创建块定义时组成块的对象在 0 图层上,并且对象的颜色、线型和线宽设置为 ByLayer(随层),则将该块插入当前图层时,AutoCAD 将指定该块各个特性与当前图层的特性一致。如果将组成块的对象的颜色、线型或线宽设置为 ByBlock(随块),则插入此块时,组成块的对象的特性将与系统的当前值一致。

如果希望在其他图形中也能引用刚才创建的块,就需要用 Wblock 命令将块保存为独立的图形文件。

3. Insert 插入块命令

插入块命令别名:I;菜单:插入→块…;按钮: 。

定义块的目的是在图形中多次使用。使用 Insert 命令将块插入当前图形中。每次插入块时,都要指定它的插入点、缩放比例和旋转角。

单击 按钮,在弹出的"插入"对话框中选择"ccd"块名后,单击"确定"按钮,如图 7-13 所示。依据需要将它插入当前图中,如图 7-14 所示。

图 7-13 块"插入"对话框　　　　图 7-14 块引用图例

引用块的操作不会影响到原块定义的各项属性。

7.2.2 块属性

块属性可以存储块的说明信息，例如，如果将螺钉、螺母及垫圈等零件定义为一个紧固件块，可以附着标明型号、材料及强度的属性；如果将某一配件定义为块，则可附着其价格和制造商名称的属性。

属性分为常量属性和变量属性两种，它们都可以与块定义关联。在插入关联了常量属性的块时，由于这些属性都具有相同的值，所以 AutoCAD 不会提示用户输入属性值；如果插入关联变量属性的块，AutoCAD 就会提示用户输入属性数据。一个块可以关联多个属性，也可以同时关联不同类型的属性。当插入这样的块时，AutoCAD 会提示用户输入每个变量属性的值，如图 7-15 所示。

属性可以是不可见的，这意味着属性将可能不被显示或打印。但是，属性中的信息始终存储在图形文件中，可通过 Attext 命令将它们提取出来并写入文件。

1. 定义属性 Attdef 命令

Attdef 命令别名 ATT。菜单：绘图→块→定义属性。

功能：定义属性模式、属性标记、属性提示、属性值、插入点，以及属性的文字选项。

2. 把表面粗糙度定义成块并加入属性的方法

（1）按国标画出表面粗糙度符号√　　。

（2）用 DT（单行文字）命令在√　粗糙度位置输入 Ra，使其显示为 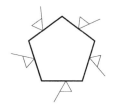。

（3）输入 Attdef 命令，把"属性定义"（Attribute Definition）对话框中的参数改为如图 7-16 所示内容后，单击"确定"按钮，在√ 的 Ra 右侧拾取一点。

（4）用块定义（Block）命令把√$^{Ra\,RA}$定义成块，命名为"CCD"，在弹出的"块-重新定义块"询问对话框中单击"重新定义块"，在弹出的"编辑属性"对话框中单击"确定"按钮。

这样就定义了一个默认值为 $Ra=6.3\mu m$ 的块。块的编辑修改参阅 AutoCAD 帮助文档。

第 7 章 图案填充和块对象

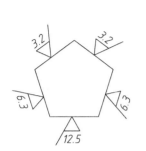

图 7-15 加入属性后的块引用图例

图 7-16 "属性定义"对话框

习 题

7-1. 绘制示例图形，熟悉所用命令。

7-2. 绘制下列图案（提示：①绘制图 7-17（b）时，注意比例，因为建筑尺寸较大。②绘制五角星时可用 Divide 命令，也可利用正五边形）。

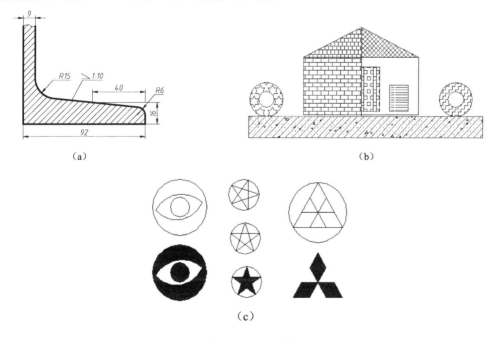

图 7-17 题 7-2 图

7-3. 将下列符号定义成块。

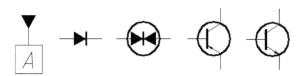

图 7-18 题 7-3 图

7-4．表面粗糙度符号的绘制。

画出图 7-19，用 Wblock（或 Block）命令写盘（或定义）。使用时，用 Insert 命令插入图中，注意比例和使用的字体号数。

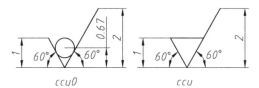

图 7-19 题 7-4 图

7-5．将绘制的标题栏定义成块并加入属性。

7-6．对图 7-20 中的表面粗糙度进行标注。

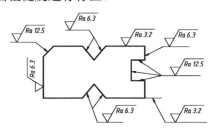

图 7-20 题 7-6 图

注意：引线用 Leader 命令。

7-7．绘制图 7-21 所示零件图（尺寸标注、绘图步骤等内容可参照后面章节）。

提示：将表面粗糙度符号（新国标：表面符号）、标题栏等定义成图块，将图层、线型、文字样式、尺寸标注样式等内容按照国标要求设置好后，把设置好的绘图环境定义为样板.dwt格式，以备后面使用。

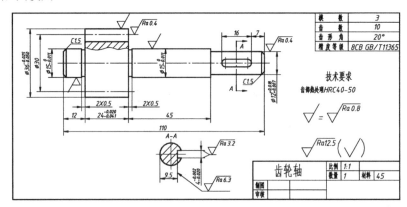

图 7-21 题 7-7 图

第 8 章 标 注

标注（Dimension）是向图形中添加测量注释的过程。AutoCAD 提供了功能强大的标注功能，标注可通过标注工具栏上的按钮或菜单栏中的"标注"或输入相应的标注命令来完成。

AutoCAD 2018 的标注工具栏如图 8-1 所示，下拉菜单如图 8-2 所示。在"草图与注释"工作空间，常用标注命令在"默认"选项卡的"注释"面板中（如图 8-3 所示），全部命令在"注释"选项卡中（如图 8-4 所示）。

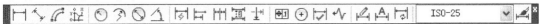

图 8-1　标注工具栏

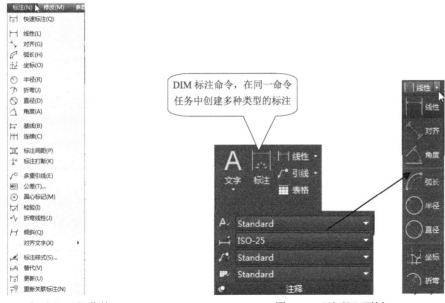

图 8-2　"标注"下拉菜单　　　　图 8-3　"注释"面板

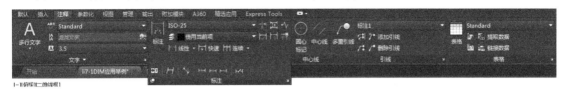

图 8-4　注释选项卡

用户可以为各种对象沿各个方向创建标注。基本的标注类型包括线性、径向（半径、直径和折弯）、角度、坐标、弧长。线性标注可以是水平、垂直、对齐、旋转、基线或连续（链式），如图 8-5 所示。

为准确标注对象，标注时一般要开启对象捕捉方式（按 F3 键，开启或关闭对象捕捉方式），准确拾取对象的端点和交点等。

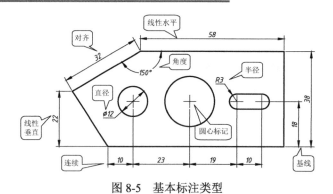

图 8-5 基本标注类型

注意：要简化图形组织和标注缩放，建议在布局上创建标注，而不要在模型空间中创建标注。

8.1 DIM 标注命令

DIM 标注命令的图标为 ，功能区在"默认"选项卡的"注释"面板中。

功能：在同一命令任务中创建多种类型的标注。

将光标悬停在标注对象上时，DIM 命令将自动预览要使用的合适标注类型。选择对象、线或点进行标注，然后单击绘图区域中的任意位置绘制标注。

支持的标注类型包括垂直标注、水平标注、对齐标注、旋转的线性标注、角度标注、半径标注、直径标注、折弯半径标注、弧长标注、基线标注和连续标注。如果需要，可以使用命令行选项更改标注类型。

标注时自动为所选对象选择合适的标准类型，并显示与该标注类型相对应的提示，如表 8-1 所示。具体功能及使用通过下面实例来说明，选项说明参阅系统提供的 DIM 命令帮助。

表 8-1 标注类型提示

选定的对象类型	动　　作
圆弧	将标注类型默认为半径标注
圆	将标注类型默认为直径标注
直线	将标注类型默认为线性标注
标注	显示选项以修改选定的标注
椭圆	默认为选择线所设置的选项

例：用 DIM 标注命令标注如图 8-6 所示图形。

为便于讲解，对图中线段进行命名，并对拾取点用方框进行标注，如图 8-7 所示。

　　键入 ***DIM↵***（或在功能区"注释"面板中单击 ）

　　选择对象或指定第一个尺寸界线原点或 [角度(A)/基线(B)/连续(C)/坐标(O)/对齐(G)/分发(D)/图层(L)/放弃(U)]：*移动光标到线段 a 的中间位置*（出现尺寸 9）

选择直线以指定尺寸界线原点:***拾取线段a***
选择平行直线段以定义尺寸界线端点:***拾取中心线c***（出现尺寸15）

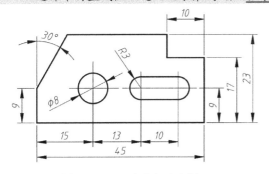

图 8-6　DIM 命令标注实例

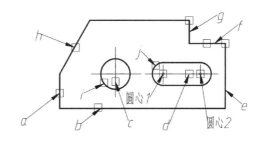

图 8-7　线段命名及拾取点

指定尺寸界线位置或 [多行文字(M)/文字(T)/文字角度(N)/放弃(U)]:***在线段b 下方单击***
（标注出尺寸15参见图8-6，尺寸15的位置，下同）
选择对象或指定第一个尺寸界线原点或 [角度(A)/基线(B)/连续(C)/坐标(O)/对齐(G)/分发(D)/图层(L)/放弃(U)]:***移动光标到尺寸15 的右尺寸界线***
选择尺寸界线原点作为基线或 [继续(C)]:***c↵***（选择连续标注选项）
选择对象或指定第一个尺寸界线原点或 [角度(A)/基线(B)/连续(C)/坐标(O)/对齐(G)/分发(D)/图层(L)/放弃(U)]:***拾取尺寸15 的右尺寸界线***
选择尺寸界线原点以继续或 [基线(B)]:***移动光标到R3 的圆心1***
指定第二个尺寸界线原点或 [选择(S)/放弃(U)] <选择>:***拾取R3 的圆心1***
标注文字 =13
指定第二个尺寸界线原点或 [选择(S)/放弃(U)] <选择>:***拾取R3 的圆心2***
标注文字 =10
指定第二个尺寸界线原点或 [选择(S)/放弃(U)] <选择>:***↵***
指定第一个尺寸界线原点以继续:***↵***（结束连续标注）
选择对象或指定第一个尺寸界线原点或 [角度(A)/基线(B)/连续(C)/坐标(O)/对齐(G)/分发(D)/图层(L)/放弃(U)]:***移动光标到线段b***
选择直线以指定尺寸界线原点:***拾取线段b***
选择平行直线段以定义尺寸界线端点:***拾取中心线d***（出现尺寸9）
指定尺寸界线位置或 [多行文字(M)/文字(T)/文字角度(N)/放弃(U)]:***在线段e 右侧定点***
（标出尺寸9）
选择对象或指定第一个尺寸界线原点或 [角度(A)/基线(B)/连续(C)/坐标(O)/对齐(G)/分发(D)/图层(L)/放弃(U)]:***移动光标到尺寸9 下尺寸界线***
选择尺寸界线原点以继续或 [基线(B)]:***b↵***（基线标注）
选择尺寸界线原点作为基线或 [继续(C)]:***拾取尺寸9 下尺寸界线***
当前设置: 偏移 (DIMDLI) = 3.750000
指定第二个尺寸界线原点或 [选择(S)/偏移(O)/放弃(U)] <选择>:***拾取线段e 上端点***
标注文字 =17

指定第二个尺寸界线原点或 [选择(S)/偏移(O)/放弃(U)] <选择>:**拾取线段g 上端点**
标注文字 =23
指定第二个尺寸界线原点或 [选择(S)/偏移(O)/放弃(U)] <选择>:↙
指定作为基线的第一个尺寸界线原点或 [偏移(O)]:↙（结束基线标注）
选择对象或指定第一个尺寸界线原点或 [角度(A)/基线(B)/连续(C)/坐标(O)/对齐(G)/分发(D)/图层(L)/放弃(U)]:**移动光标到线段f**
选择直线以指定尺寸界线原点:**拾取线段f**
指定尺寸界线位置或第二条线的角度 [多行文字(M)/文字(T)/文字角度(N)/放弃(U)]:
在线段f 上方单击（标注出尺寸 10）
选择对象或指定第一个尺寸界线原点或 [角度(A)/基线(B)/连续(C)/坐标(O)/对齐(G)/分发(D)/图层(L)/放弃(U)]:**移动光标到线段a**
选择直线以指定尺寸界线原点:**拾取线段a**
指定尺寸界线位置或第二条线的角度 [多行文字(M)/文字(T)/文字角度(N)/放弃(U)]:
在线段a 左侧单击（标注出尺寸 9）
选择对象或指定第一个尺寸界线原点或 [角度(A)/基线(B)/连续(C)/坐标(O)/对齐(G)/分发(D)/图层(L)/放弃(U)]:**移动光标到线段b**
选择直线以指定尺寸界线原点:**拾取线段b**
指定尺寸界线位置或第二条线的角度 [多行文字(M)/文字(T)/文字角度(N)/放弃(U)]:
在线段b 下方单击（标注出尺寸 45）
选择对象或指定第一个尺寸界线原点或 [角度(A)/基线(B)/连续(C)/坐标(O)/对齐(G)/分发(D)/图层(L)/放弃(U)]:**移动光标到圆i**
选择圆以指定直径或 [半径(R)/折弯(J)/角度(A)]:**拾取圆i**
指定直径标注位置或 [半径(R)/多行文字(M)/文字(T)/文字角度(N)/放弃(U)]:
在圆i 左下方单击（标注出直径尺寸φ8）
选择对象或指定第一个尺寸界线原点或 [角度(A)/基线(B)/连续(C)/坐标(O)/对齐(G)/分发(D)/图层(L)/放弃(U)]:**移动光标到圆弧j**
选择圆弧以指定半径或 [直径(D)/折弯(J)/弧长(L)/角度(A)]:**拾取圆弧j**
指定半径标注位置或 [直径(D)/角度(A)/多行文字(M)/文字(T)/文字角度(N)/放弃(U)]:
在圆弧j 左上方单击（标注出半径尺寸 R3）
选择对象或指定第一个尺寸界线原点或 [角度(A)/基线(B)/连续(C)/坐标(O)/对齐(G)/分发(D)/图层(L)/放弃(U)]:**移动光标到线段a**
选择直线以指定尺寸界线原点:**拾取线段a**
选择直线以指定角度的第二条边:**拾取线段h**
指定角度标注位置或 [多行文字(M)/文字(T)/文字角度(N)/放弃(U)]:**在线段h 左上方单击**
（标注出角度 30°）
选择对象或指定第一个尺寸界线原点或 [角度(A)/基线(B)/连续(C)/坐标(O)/对齐(G)/分发(D)/图层(L)/放弃(U)]:↙（结束标注）

8.2 设置 AutoCAD 标注样式

AutoCAD 提供的 ISO-25 默认标注样式基本上能满足大部分标注的需要，但对角度、直径、半径标注，小数点分隔符、精度设置等标注不符合制图国标要求，如图 8-8 所示，还需要对其进一步设置，用其标注出符合制图国标要求的尺寸，如图 8-9 所示。

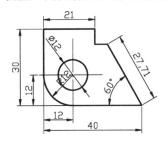 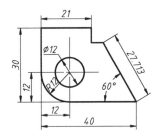

图 8-8　用默认标注样式标注结果　　　　图 8-9　重新设置后的标注结果

AutoCAD 提供了一个"标注样式管理器"来集中实现标注样式的新建（New）、修改（Modify）、替代（Override）、比较（Compare）、重命名（Rename）或删除（Delete），以及置为当前样式（Set Current）等操作。设置 AutoCAD 标注样式的步骤如下：

（1）在功能区单击"注释"选项卡"标注"面板右下角的 ⊿（或单击 ⊿ 按钮，或输入 ***Dimstyle***，或选择"标注"→"标注样式"），打开"标注样式管理器"对话框，如图 8-10 所示。

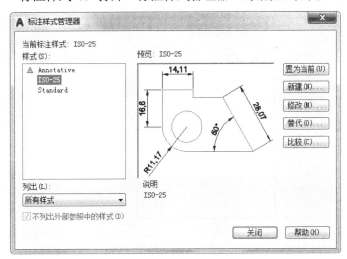

图 8-10　"标注样式管理器"对话框

（2）单击 修改(M)... 按钮，打开"修改标注样式"对话框，将"线"选项卡中的"尺寸线"的"基线间距"设置为"7"，"尺寸界线"的"超出尺寸线"设置为"2"，"起点偏移量"设置为"0"，其他选项不变，如图 8-11 所示。

基线标注时，基线间距的作用如图 8-12 所示。标注半剖视图时需隐藏一个尺寸线和一个尺寸界线，如图 8-13 所示。标注时第一个拾取点处是尺寸线 1 和尺寸界线 1。

（3）单击"符号和箭头"选项卡，将其"箭头大小"改为"3"，如图 8-14 所示。

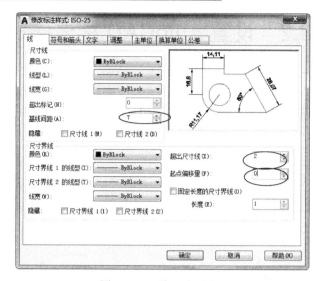

图 8-11 "线"选项卡

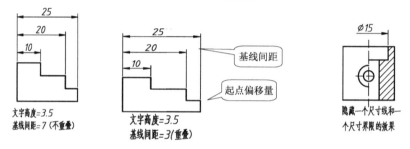

图 8-12 基线间距   图 8-13 隐藏尺寸线和尺寸界线

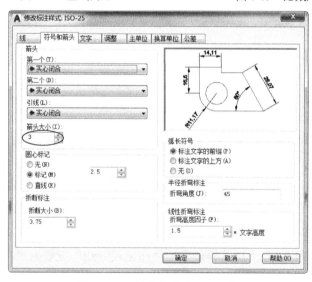

图 8-14 "符号和箭头"选项卡

（4）单击"文字"选项卡，将其"文字高度"改为"3.5"，"文字对齐"方式设置为"ISO 标准"，如图 8-15 所示。不同的文字对齐方式图例如图 8-16 所示。文字外观、文字位置最好采用默认值。

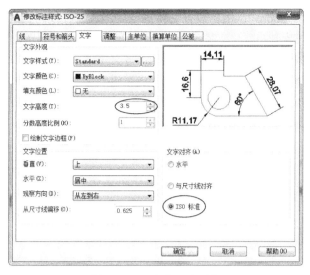

图 8-15 "文字"选项卡

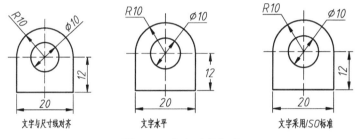

图 8-16 文字对齐方式

（5）单击"调整"选项卡，将"调整选项"设置为"文字"，如图 8-17 所示。"调整"选项卡用于调整尺寸界线、箭头、标注文字，以及引线相互间的位置关系。

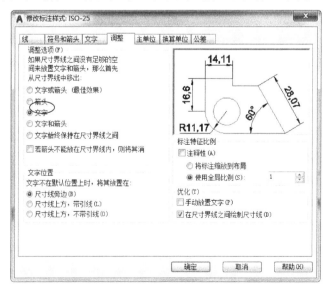

图 8-17 "调整"选项卡

- 调整选项（Fit Options）：用于设置调整规则。当尺寸界线间空间不足时，AutoCAD 将根据用户确定的规则将标注文字或箭头移动至尺寸界线的外侧。调整规则说明如下所述。

① 文字或箭头（最佳效果）：按最佳布局将文字或箭头移动到尺寸界线外部。

② 箭头（Arrows）：先将箭头移动到尺寸界线外部，然后移动文字。

③ 文字（Text）：先将文字移动到尺寸界线外部，然后移动箭头。

④ 文字和箭头：当尺寸界线间距离不足以放下文字和箭头时，文字和箭头都将移动到尺寸界线外。

⑤ 文字始终保持在尺寸界线之间：始终将文字放在尺寸界线之间。

上述 5 个选项只能分别使用，调整后的效果如图 8-18 所示。从中可以看出标注尺寸时应选用"文字"或"文字和箭头"选项。

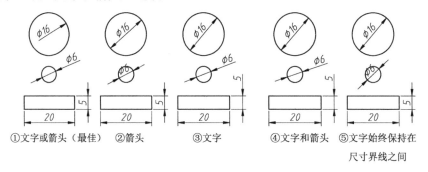

图 8-18 调整选项后的效果

如果标注直径、半径，应选中"优化"区域中的"手动放置文字"选项，以便标注。

（6）单击"主单位"选项卡，将标注"精度"设置为"0.000"，"小数分隔符"设为"句点"，如图 8-19 所示。

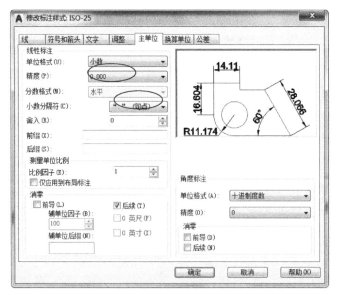

图 8-19 "主单位"选项卡

（7）单击"确定"按钮。

8.3 创建新标注样式

将基本项设置好后，为方便标注还应新建角度、直径、半径标注样式，方法如下：

（1）单击"标注样式管理器"对话框中的"新建"按钮，在弹出的"创建新标注样式"对话框中，单击"用于"列表框，选择"角度标注"，如图 8-20 所示。

图 8-20 "创建新标注样式"对话框

（2）单击"继续"按钮，弹出"新建标注样式：ISO—25：角度"对话框，如图 8-21 所示。

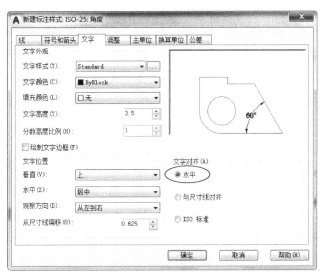

图 8-21 "新建标注样式：ISO-25：角度"对话框

（3）单击"文字"选项卡，将"文字对齐"设置为"水平"。
（4）单击"确定"按钮。

同理，创建"半径"、"直径"标注样式（创建时在"调整"选项卡中应选中"优化"区域中的"手动放置文字"选项）。如果文字样式没有设置，应将其设置为"gbeitc.shx"，结果如图 8-22 所示。

（5）单击"关闭"按钮。

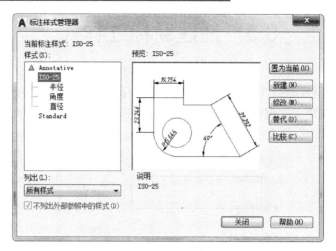

图 8-22　重新设置的标注样式

8.4　标注举例

在机械图样标注中，经常遇到尺寸公差标注和几何公差的标注，下面通过如图 8-23 所示的图形标注介绍标注方法。

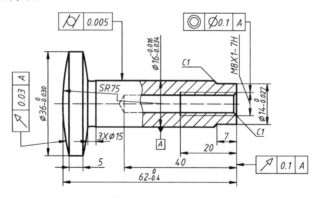

图 8-23　标注举例

分析该图中的标注，有尺寸公差标注和几何公差标注、大圆弧标注及标注倒角等。其中，尺寸 5、7、20 可以用线性 dimlinear 命令（按钮）直接标出。M8X1-7H 带引线，需要改变标注样式设置，具体标注如下所述。

1．标注尺寸 5、7、20

单击标注工具栏中的按钮，命令提示及操作如下：

命令：_dimlinear
指定第一条尺寸界线原点或 <选择对象>:↙（按回车键选择对象，也可直接选择线段 5 的左右端点）
选择标注对象：**线段 5**（如图 8-23 所示）

指定尺寸线位置或
[多行文字(M)/文字(T)/角度(A)/水平(H)/垂直(V)/旋转(R)]: **下移光标定点**（位置如图 8-23 所示）
标注文字 = 5

按回车键重复线形标注命令，标注出尺寸 7、20。

2. 标注 M8×1-7H

（1）设置标注样式。单击"标注"工具栏中的"标注样式" 按钮，在弹出的"标注样式管理器"对话框中，单击"替代"按钮。在"替代当前样式：ISO-25"对话框中，单击"调整"选项卡，并将其设置成如图 8-24 所示后，单击"确定"按钮。创建了一个临时替代样式，在样式 ISO-25 下出现"<样式替代>"，如图 8-25 所示。单击"关闭"按钮，关闭"标注样式管理器"对话框。

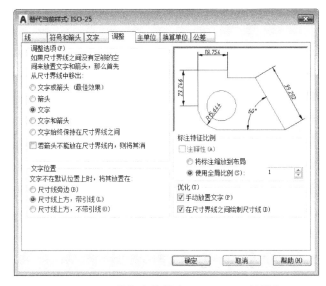

图 8-24 "替代当前样式：ISO-25"对话框

图 8-25 设置替代样式后的"标注样式管理器"对话框

(2) 标注 M8X1-7H。单击标注工具栏中的 按钮，命令提示及操作如下：

命令：_dimlinear
指定第一条尺寸界线原点或 <选择对象>：*拾取 M8 的下端点*
指定第二条尺寸界线原点：*拾取 M8 的上端点*
指定尺寸线位置或
[多行文字(M)/文字(T)/角度(A)/水平(H)/垂直(V)/旋转(R)]：*t↵*（选择文字选项，也可用 M）
输入标注文字 <8>：*M<>X1-7H↵*（输入 M<>x1-7H，其中，"<>"表示系统测量的值）
指定尺寸线位置或
[多行文字(M)/文字(T)/角度(A)/水平(H)/垂直(V)/旋转(R)]：*在图形右侧拾取一点*
（见图 8-23）
标注文字 = 8

(3) 调整 M8X1-7H 的位置。拾取尺寸 M8X1-7H，单击其文字夹点，上移到如图 8-23 所示位置后单击，即标注出如图 8-23 所示的 M8X1-7H 尺寸。

3．大圆弧的标注

单击标注工具栏中的折弯 按钮，命令提示及操作如下：

命令：_dimjogged
选择圆弧或圆：*拾取左侧的大圆弧*
指定图示中心位置：*在图形中心线上拾取一点*（位置如图 8-23 所示）
指定尺寸线位置或 [多行文字(M)/文字(T)/角度(A)]：*t↵*（选择文字选项，也可用多行文字 M）
输入标注文字 <75>：*S<>↵*（输入 S<>，其中，"<>"表示系统测量的值）
指定尺寸线位置或 [多行文字(M)/文字(T)/角度(A)]：*在图形中拾取一点*（位置如图 8-23 所示）
指定折弯位置：*在图形中拾取一点*（位置如图 8-23 所示）

4．尺寸公差标注的方法

尺寸公差是表示测量的距离可以变动的数目的值。通过指定生产中的公差，可以控制部件所需的精度等级。特征是部件的一部分，如点、线、轴或表面。在 AutoCAD 中可用四种方法实现尺寸公差标注。

1）用标注样式标注 $\phi\ 16_{-0.034}^{-0.016}$

(1) 单击 按钮（或输入 d）打开"标注样式管理器"对话框（如图 8-25 所示）。
(2) 单击"替代"按钮，弹出"替代当前样式：ISO-25"对话框，选择"主单位"选项卡，并将其设置成如图 8-26 所示（%%C 是绘制直径符号 ϕ）。
(3) 选择"公差"选项卡，并将其设置成如图 8-27 所示。
(4) 单击"确定"按钮，关闭"替代当前样式：ISO-25"对话框。回到"标注样式管理器"对话框。
(5) 单击"关闭"按钮。

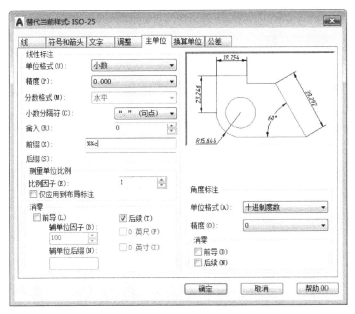

图 8-26 设置"主单位"选项卡

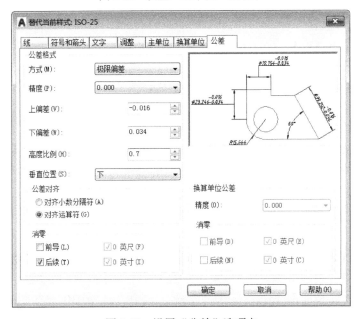

图 8-27 设置"公差"选项卡

（6）在"标注"工具栏中单击"线性"按钮，拾取 $\phi 16$ 的上下轮廓线，光标处出现标注内容，将光标移到视图上方单击即标注出 $\phi 16_{-0.034}^{-0.016}$，如图 8-23 所示。

2）用文字格式控制符直接注写 $\phi 14_{-0.027}^{0}$

（1）单击按钮（或输入 d），打开"标注样式管理器"对话框，双击样式中的"ISO-25"，系统弹出"AutoCAD 警告"对话框，如图 8-28 所示。单击"确定"按钮，再单击"关闭"按钮。

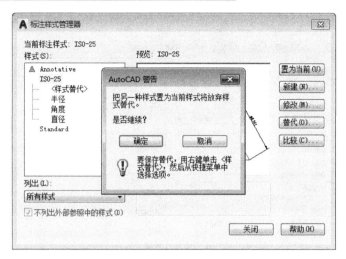

图 8-28　AutoCAD 警告

（2）在"标注"工具栏中单击"线性"按钮，拾取 $\phi14$ 的上下轮廓线，光标处出现标注测量内容 14，标注内容不全。

（3）输入 t↵，输入 %%c\A0; < >\H0.7X;\S　0^–0.027↵，尺寸线中间出现 $\phi14^{\ 0}_{-0.027}$，在图形右侧单击"确定"按钮。

"%%c\A0;<>\H0.7X;\S　0^–0.027"的含义如下：

- "%%c"标注直径符号 ϕ；
- "\A0;"表示公差数值与尺寸数值底边对齐；
- "<>"表示系统自动测量的尺寸数值，也可写成具体的数字；
- "\H0.7X;"表示公差数值的字高是尺寸数字高度的 0.7 倍；
- "\S。^-0.027"表示堆叠，"^"符号前的数字为上偏差（0，注意如果无符号，需按两次空格键与下一个偏差符号对齐），"^"符号后的数字为下偏差（–0.027）。

注意：输入的字符都是半角字符，且"\"后的控制符必须是大写字母。

3）用编辑尺寸文字堆叠标注 $\phi36^{\ 0}_{-0.030}$

（1）单击"线性"按钮，分别拾取 $\phi36$ 的上下轮廓线，光标左移定点，标注出 36。

（2）双击尺寸 36，使其成编辑状态，输入%%C（直径符号 ϕ），按 End 键，再输入"0^–0.030"（不含引号，第一个零前有两个空格），拖动光标，选中"0^–0.030"，如图 8-29 所示。

（3）单击"文字编辑器""格式"面板中的 堆叠 按钮，如图 8-30 所示。

图 8-29　选择 0^–0.030

图 8-30　"文字编辑器""格式"面板

（4）在空白区域单击，完成对 $\phi36^{\ 0}_{-0.030}$ 的标注。

4）用单行文字命令直接标注

用这种方法注写尺寸偏差，需要分别单独标注基本尺寸和偏差。标注后需调整尺寸数字的位置。一般是将水平与竖直的尺寸公差各先标注好一个后，其他尺寸的公差标注采用复制后编辑文字内容的方法实现。

5．几何公差的标注

几何公差表示特征的形状、轮廓、方向、位置和跳动的允许偏差。可以通过特征控制框来添加几何公差，这些框中包含单个标注的所有公差信息。可以创建带有或不带引线的几何公差，取决于使用 <u>TOLERANCE</u> 还是 <u>LEADER</u>。

1）用引线 LEADER 命令标注 ⌀0.1 A

```
命令: LEADER↵ （输入引线命令）
指定引线起点: 拾取 M8×1-7H 的上箭头
指定下一点: 上移光标定点 （位置如图 8-23 所示）
指定下一点或 [注释(A)/格式(F)/放弃(U)]<注释>:左移光标定点 （位置如图 8-23 所示）
指定下一点或 [注释(A)/格式(F)/放弃(U)]<注释>:↵ （结束定点）
输入注释文字的第一行或 <选项>:↵ （进入选项菜单）
输入注释选项 [公差(T)/副本(C)/块(B)/无(N)/多行文字(M)]<多行文字>:T↵ （选择公差）
```

系统弹出"形位公差"对话框（见图 8-31），单击"符号"下的第一个框，弹出"特征符号"对话框，如图 8-32 所示。

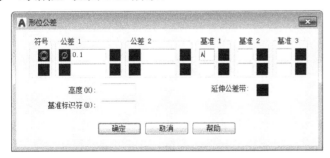

图 8-31　"形位公差"对话框

图 8-32　"特征符号"对话框

注："形位公差"在新国标中已改称为"几何公差"。

单击"同轴度"符号◎，"特征符号"对话框自动关闭。单击"公差 1"下的第一个框，出现直径符号，在其左的输入框中输入"0.1"，在"基准 1"的第一个输入框中输入"A"（见图 8-31），单击"确定"按钮。

2）用快速引线 QLeader 命令标注 ⟋ 0.005

输入 LE↵, ↵（按回车键两次），在弹出的"引线设置"对话框中选择"公差"后，（如图 8-33 所示）单击"确定"按钮。

图 8-33 "引线设置"对话框

选择 $\phi16$ 的上轮廓线，上移光标定点（位置如图 8-23 所示），左移光标定点后，系统弹出"几何公差"对话框，后面操作方法同前。另两处的标注类似，可重复用 QLeader 命令实现。

6．倒角的标注

AutoCAD 没有提供直接标注倒角（锥度、斜度等）的命令，可用 PLine 命令和文字命令实现，或定义块及加入属性的方法实现。

7．基准符号

AutoCAD 暂时还没有提供直接标注基准的命令，可用 Line 直线、DText 单行文字和 Hatch 图案填充命令按国标要求绘出，然后定义成块，加入属性。

8.5　修　改　标　注

当标注布局不合理时，会影响图形表达信息的准确性，因此在标注完成后，可以使用 AutoCAD 2018 提供的多种修改标注的方法对标注进行局部调整。还可以编辑标注文字，移动尺寸线和尺寸界线的位置，以及修改标注的颜色、线型等外部特征。

AutoCAD 2018 提供的修改和编辑标注的方法如下所述。

1．使用夹点编辑标注

每个标注都有一组定义点，它们用来定义标注的位置。定义点通常是被尺寸线或被标注的对象几何图形掩盖的小点，它们并不显示在打印的图形中。每个定义点都有一个夹点，用夹点编辑是修改标注位置最快、最简单的方法。

使用夹点编辑标注位置的方法：

（1）选中要编辑的标注。

（2）选中要修改的夹点。

（3）调整到合适的位置，如图 8-34 所示。

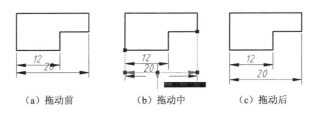

（a）拖动前　　　　　（b）拖动中　　　　　（c）拖动后

图 8-34　用夹点编辑标注样例

2．使用工具栏（或菜单栏）提供的命令修改标注

在 AutoCAD 2018 的"标注"工具栏（见图 8-1）中除了绘制标注按钮外，还有编辑和修改标注的按钮，如"编辑标注"、"编辑标注文字"、"标注更新"、"打断标注"、"折弯线形"等。部分应用如图 8-35 所示，操作步骤请参阅 AutoCAD 提供的帮助。

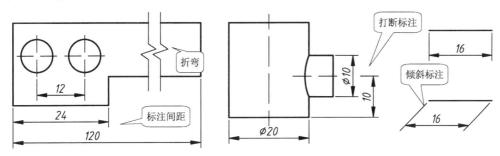

图 8-35　编辑标注的效果

3．使用对象特性管理器修改标注

选中要修改的尺寸标注，单击 按钮（或选择"修改→特性"，或选择"工具→特性"，或输入 Properties，或按快捷键 Ctrl+1），启动对象特性窗口，如图 8-36 所示，用它可以同时修改一个或多个标注。

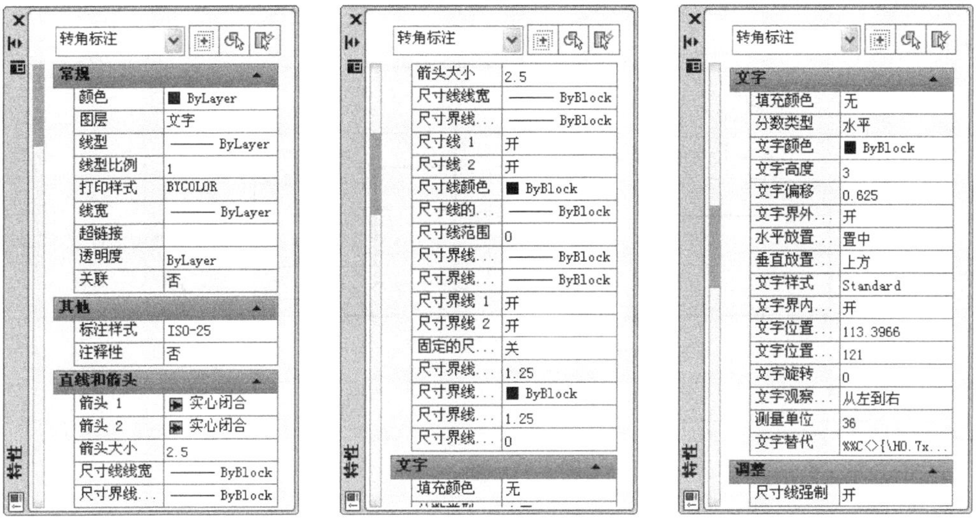

图 8-36　对象特性窗口

习 题

8-1. 上机练习各标注命令。

8-2. 上机绘制如图 8-23、图 8-35 所示的图形并标注尺寸。

8-3. 绘制下列图形并标注尺寸。

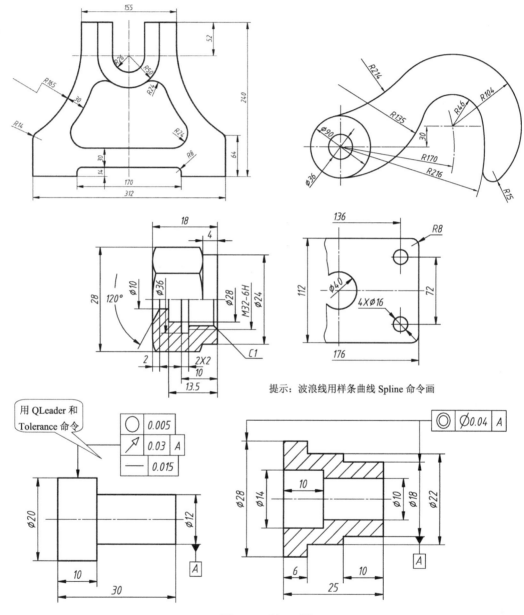

图 8-37 题 8-3 图

第 9 章 绘制工程图

9.1 绘制工程图的一般步骤

用 AutoCAD 绘图与手工绘图有许多相似之处，在开始绘图之前，均需要对绘制的对象进行分析，确定初步的画图步骤。也有许多不同之处，如用手工绘图时，用丁字尺、三角板、圆规、分规等准确绘图；用 AutoCAD 绘图时，是用 Snap、Osnap 等工具命令精确绘图。手工绘图时，需先根据所绘对象的复杂性和物体的实际大小确定比例，然后根据比例绘图；而在用 AutoCAD 绘图时，不论实物大小均可用 1:1 绘制，用绘图机（或打印机）出图时设定绘制图形的大小（比例），在图纸空间标注尺寸。若在模型空间完成绘图，需在标注尺寸前考虑比例，将图形缩放到 1:1 出图比例，标注尺寸时，按缩放比例的倒数测量尺寸数值。

用 AutoCAD 绘制机械工程图样的一般步骤如下：
（1）分析绘制对象，准备作图数据。
（2）设置 CAD 作图环境，即确定绘图区域大小、选定线型及其比例、建立新层等。
（3）绘制图形。根据不同的图形采用不同的命令，使用不同的方法。
（4）标注尺寸。设置标注格式（箭头大小、数字高度等）、标注尺寸等。
（5）注写技术要求。包括标注表面粗糙度、形位公差等。
（6）插入标题栏。将事先画好的图框和标题栏用块或外部引用的方法并入。
（7）输出图形。如果这时考虑比例问题，应对全比例图形使用一个总的比例因子，它将影响到图形中每个对象，因此，必须提前计划好整幅 AutoCAD 图形的比例，设置好图中的文本、符号和纸宽，以便它们在按比例输出时大小合适。

注意：AutoCAD 程序内部提供很多样板图，可以选用。也可以按国标要求将 A0～A4 的图幅、标题栏，以及常用线型及其比例、所需的层及其颜色、尺寸标注样式和表面技术要求图块等事先设置好，保存成样板图(*.dwt)，每次画图时直接进入样板图，并充分利用 AutoCAD 提供的设计中心、图块库等，减少重复性劳动，可加快绘图速度。

具体如何用 AutoCAD 绘制工程图样，需要不断地上机实践。在了解 AutoCAD 全部命令的基础上，掌握绘制本专业需要的工程图样技巧，最后用 AutoCAD 快速、准确、熟练地绘制出所需图样。

9.2 绘制机械图举例

例 1 绘制如图 9-1 所示的皮带轮。
为多练习 AutoCAD 的命令和复习前面的内容，此例讲解了较详细的步骤。

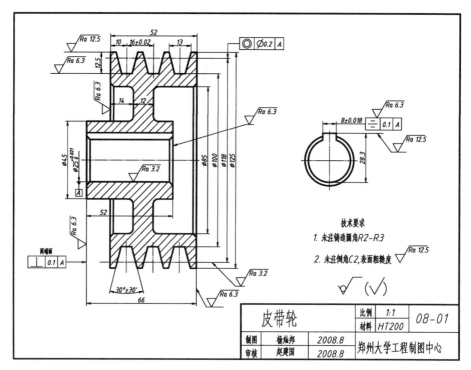

图 9-1 皮带轮

注意：这里介绍的方法不是画该图的最优方法，读者照此方法练习过一遍之后，再用不同的方法绘制此图，从中体会各命令的含义和绘制机械图的作图步骤。

1. 分析对象

要用 AutoCAD 快速准确地画出如图 9-1 所示的皮带轮，需先对其进行结构分析，确定坐标原点、定出各点坐标值等，为画图准备必要的数据。

1）根据视图尺寸大小确定图幅（用此方法是为多练习命令）

（1）用 Limits 命令设置绘图界限。左下角点（0,0），右上角点（297,210），A4 幅面。

（2）用 Zoom 命令将绘图区缩放到整个绘图界限（命令：*Z↙*，选项 *A↙*）。

2）确定坐标原点，建立用户坐标系（UCS）

确定坐标系原点的原则是使图形中各要素的数值易于确定。分析所给图形后，将坐标原点定在左端面线与中心线的交点处。

命令：*UCS↙*，UCS 的原点 **80,120↙**

命令：*UCSICON↙*，选项 *N↙*（控制坐标系图标在绘图窗口左下角，不在坐标原点显示）

将原点设置在 $x=80, y=120, z=0$ 处，这是根据分析、合理布局视图而定的数据。当然可以用鼠标在任意合适位置拾取一点作为原点。画好图后若位置不合适，用 MOVE 命令调整。

3）确定主要点的坐标值

从图 9-1 中可以看出，该皮带轮上下基本对称，画图时可先画出上半部分，下半部分用

Mirror（镜像）命令绘制。这样只需依照《机械制图国家标准》，根据图中尺寸定出皮带轮上半部分主要点的坐标值。

2. 建立新图层

为了图形清晰、便于管理和减少数据量等，将轮廓线、剖面线、细点画线和尺寸等放入不同的图层，并用不同的颜色表示（按国标推荐建立的图层，详情参阅制图教材或工程设计手册）。

（1）输入 *LA↵*（或单击 按钮）打开"图层特性管理器"对话框，建立新图层，如图 9-2 所示。

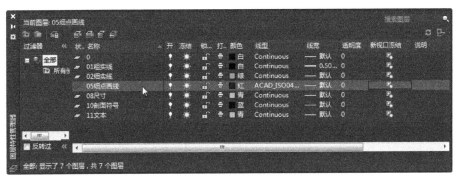

图 9-2 "图层特性管理器"对话框

（2）选中"05 细点画线"图层后，单击 按钮，将细点画线层设置为当前层。

（3）单击"图层特性管理器"左上角的"关闭" 按钮，关闭"图层特性管理器"对话框。

3. 画细点画线

命令：*L↵* （Line 画直线命令，画出细点画线 a）
LINE 指定第一点：*-3,0↵*
指定下一点或 [放弃(U)]：*@72,0↵* （注：当动态输入 DYN 开启时，可不输入符号"@"。也可使用光标定方向，即水平移动光标，用键盘输入数据 72 的方法定点）
指定下一点或 [放弃(U)]：↵
按 *F7*（关闭栅格显示，这样图面更清晰）

注意：下面的数据均是根据图 9-1 中的尺寸，依据国家标准定出的，点画线超出轮廓线 3 mm。

重复 Line 画直线命令，画出细点画线 b、c、d、e，其数据输入为

点画线 b：*100,0↵*，*@40,0↵*，↵
点画线 c：*11,59↵*，*@58,0↵*，↵
点画线 d：*120,-17↵*，*@0,34↵*，↵
点画线 e：*24,65↵*，*@0,-17.5↵*，↵
结束画直线命令，结果如图 9-3 所示。

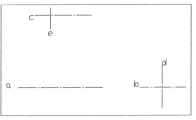

图 9-3 画细点画线

4．画轮廓线

（1）改变当前层，将可见轮廓线放在 01 粗实线层。
单击图层面板上的 ▢，在弹出的层列表中单击"01 粗实线"。
（2）用 Line 直线命令画外轮廓线。
各点的数据输入如下（当 DYN 开启时，可不输入符号"@"）：

LINE 指定第一点：***0,0↵***（点 1），***@0,22.5↵***（点 2），***@28,0↵***（点 3），***@0,20↵***（点 4），***@-14,0↵***（点 5），***@20<90↵***（点 6），***@52,0↵***（点 7），***@0,-20↵***（点 8），***@-26,0↵***（点 9），***@0,-20↵***（点 10），***@12,0↵***（点 11），***@0,-22.5↵***（点 12），***↵***
结束画直线命令，结果如图 9-4 所示。

（3）画带槽线。重复画直线命令，画出带槽线，如图 9-5 所示。数据为斜线段 f（17.5,62.5）-（@20<-75），斜线段 g（30.5,62.5）-（@20<-105），带槽底线 hj（16,50）-（@20,0）。

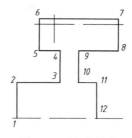

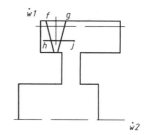

图 9-4　画出外轮廓　　　　　图 9-5　画出带槽线

注意：斜线段长度 20 是任意定的，带槽底线的 x 坐标值是根据图形需要随意定的。

（4）放大轮廓线部分。

输入 ***Z↵***，***在轮廓左上角拾取一点***，***在轮廓右下角拾取一点***（也可用鼠标滚轮放大）。
（5）用 Trim 命令剪裁出带槽。

命令：***TR↵***（输入 Trim 修剪命令）（或单击"修剪" ▢ 按钮，或选择菜单"修改→修剪"）

过程如图 9-6 所示，结果如图 9-7 所示。

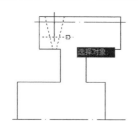 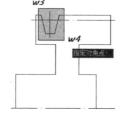 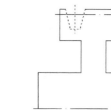

图 9-6　选择剪切边　　　图 9-7　用窗选方式选择复制对象和被选中的对象

（6）用 Copy 命令复制出另外两个带槽。

命令：***CO↵***（输入 Copy 复制命令）（或单击"复制" ▢ 按钮）命令提示行为
COPY
选择对象：***拾取 w3 点*** 指定对角点：***拾取 w4 点***（带槽线变虚）找到 4 个
选择对象：***↵***（结束选择）
指定基点或 [位移(D)] <位移>：***任意拾取一点***

```
指定第二个点或 <使用第一个点作为位移>: @16,0↵
指定第二个点或 [退出(E)/放弃(U)] <退出>:  @32,0↵
指定第二个点或 [退出(E)/放弃(U)] <退出>:↵          结果如图 9-8 所示。
```

（7）用 Trim 命令修剪另外两个带槽。用 Trim 命令修剪出如图 9-9 所示的图形。

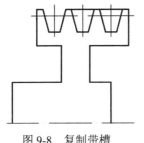
图 9-8　复制带槽

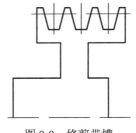
图 9-9　修剪带槽

（8）用 Chamfer 命令倒角。"倒角"图标为 ▱（在修改面板圆角列表中，别名 Cha），倒角距离均为 2，结果如图 9-10 所示。

（9）用 Fillet 命令圆角。"圆角"图标为 ▱（在修改面板圆角列表中，别名 F），圆角半径 $R=3$，结果如图 9-11 所示。

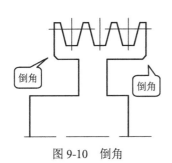
图 9-10　倒角

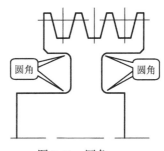
图 9-11　圆角

（10）用 Extend 命令作皮带轮两侧面端线。

"延伸"图标为 ⊸/（别名 EX），延伸边界如图 9-12 所示，结果如图 9-13 所示。

注意：AutoCAD 中的线段是矢量线段，分上中下、左中右。在延伸对象时，应注意选择延伸对象的部位。

（11）用 Line 命令画皮带轮两侧面倒角线，如图 9-13 所示。

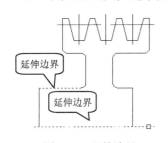
图 9-12　延伸边界

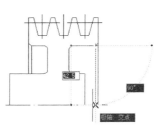
图 9-13　画两侧面端线和倒角线

（12）将图形显示缩回到原大小。

输入 **Z↵**，输入 **P↵**（或单击 按钮）。

（13）用 Mirror 命令镜像复制出皮带轮的下半部。

单击 按钮（或选择 Modify/Mirror 或输入 Mi），命令提示为：

命令:_mirror
选择对象：**拾取w5**,**点**指定对角点：**拾取w6**,**点**找到 35 个（如图 9-14 所示）
选择对象：↵
指定镜像线的第一点：**拾取细点画线a的左端** 指定镜像线的第二点：**拾取细点画线a的右端**
要删除源对象吗？[是(Y)/否(N)] <N>:↵ （结果如图 9-15 所示）

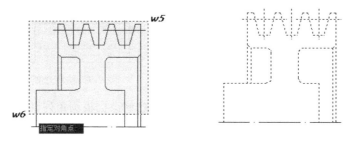

图 9-14 用交窗方式选择要镜像的对象

（14）画左视图。

① 改变坐标原点到细点画线 b、d 的交点。

单击 UCS 工具栏中的"原点"按钮，拾取细点画线 b、d 的交点（或输入 **UCS↵**，输入 **O↵**，拾取交点）。

② 画轴孔 $\phi 25$ 圆。

命令：**C↵** (输入 Circle 画圆命令)
CIRCLE 指定圆的圆心或 [三点(3P)/两点(2P)/相切、相切、半径(T)]：**0,0↵**
指定圆的半径或 [直径(D)] <0.0000>：**12.5↵**

③ 画倒角圆。

命令：↵ (重复 Circle 画圆命令)
CIRCLE 指定圆的圆心或 [三点(3P)/两点(2P)/相切、相切、半径(T)]：**0,0↵**
指定圆的半径或 [直径(D)] <12.5000>：**14.5↵**

④ 用 Line 直线命令画键槽线，如图 9-16 所示。

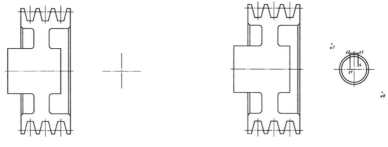

图 9-15 镜像复制后的图形　　图 9-16 键槽线

L↵，**-4,0↵**（点 Z1），**@0,15.8↵**（点 Z2），**@8,0↵**（点 Z3），**@0,-10↵**（点 Z4），↵

⑤ 放大左视图。

输入 **Z↵**（或单击 🔍 按钮）**拾取w7点，拾取w8点**。

⑥ 用 Trim 命令修剪多余的线。

⑦ 将图形缩回到原大小，结果如图 9-17 所示。

输入 **Z↵**，输入 **P↵**（或单击 🔍 按钮）。

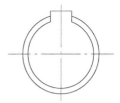

图 9-17 修剪后的键槽孔

（15）画主视图上的键槽孔线。

① 放大轮毂区，如图 9-18 所示。

② 用 Line 直线命令从左视图向主视图画投影线，如图 9-19 所示。

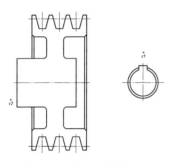
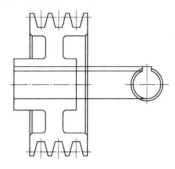

图 9-18 放大后的图形　　　　　　　图 9-19 画键槽投影线

③ 用 Trim 命令剪切掉多余的线，修剪后的图形如图 9-20 所示。

（16）用 Offset 偏移复制命令画主视图上轴孔的倒角线。

"偏移"图标为 🗂（别名 Offset），偏移距离为 2，结果如图 9-21 所示。

用缩放 Zoom、修剪 Trim、倒角 Chamfer、延伸 Extend 等命令作轴孔倒角线。若有误操作，按 Esc 键或用 U 命令修改，结果应如图 9-22 所示。

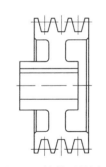
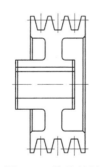
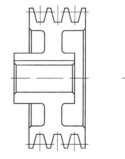

图 9-20 修剪后的图形　　　图 9-21 偏移复制　　　图 9-22 最后的轮廓

（17）保存图形。

单击 💾 按钮（或选择"文件/保存"，或输入 SAVE 命令），以文件名"皮带轮"保存图形。

5．标注尺寸

1）设置文字样式

在进行尺寸标注时，AutoCAD 采用当前字形文字样式创建标注文字，程序默认样式为"txt.shx"，需设置符合国标的样式。一般选用"gbeitc.shx"字体书写字母和数字，用"gbenor"

书写汉字。

单击 按钮（或选择"样式→文字样式"，或输入 STYLE），系统弹出"文字样式"对话框，将其设置成如图 9-23 所示后，单击"确定"按钮。

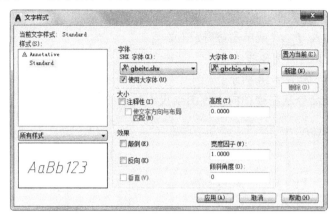

图 9-23　设置文字样式

2）设置标注样式

① 单击 按钮（或选择"标注→标注样式"，或输入 DIMSTYLE），系统弹出"标注样式管理器"对话框。

② 单击"修改"按钮，进入"修改标注样式"对话框。

③ 在"直线"选项卡中，将"基线间距"的值改为 7，"超出尺寸线"的值改为 2，"起点偏移量"的值改为 0。

④ 在"文字"选项卡中，将"文字高度"的值改为 3.5，选择"ISO 标准"选项。

⑤ 单击"确定"按钮，关闭"修改标注样式"对话框。

⑥ 单击"关闭"按钮，关闭"标注样式管理器"对话框。

3）标注皮带轮上部的尺寸 10、52（操作时用鼠标中间滚轮适当缩放，以便于标注）

① 单击 01粗实线 ，在列表框中选择"08 尺寸"，进入尺寸图层。

② 单击 按钮（或选择"标注→线性"），命令提示为：

命令: _dimlinear
指定第一条尺寸界线原点或 <选择对象>:*拾取带轮的左上端点*
指定第二条尺寸界线原点:*拾取带轮的左上细点画线的上端点*
指定尺寸线位置或[多行文字(M)/文字(T)/角度(A)/水平(H)/垂直(V)/旋转(R)]:*拾取一点*
标注文字 = 10　　　（如图 9-24 所示）

③ 单击 按钮（或选择"标注→基线"），命令提示为：

命令: _dimbaseline
指定第二条尺寸界线原点或 [放弃(U)/选择(S)] <选择>:*拾取带轮的右上端点*
标注文字 = 52
指定第二条尺寸界线原点或 [放弃(U)/选择(S)] <选择>:↵
选择基准标注:↵

结束基线标注，结果如图 9-24 所示。

4）标注角度 30°±30'

单击 按钮（或选择"标注→角度"），命令提示为：

命令: _dimangular
选择圆弧、圆、直线或 <指定顶点>: *拾取带槽左下边斜线*
选择第二条直线: *拾取带槽右下边斜线*
指定标注弧线位置或 [多行文字(M)/文字(T)/角度(A)]: *t ↵*
输入标注文字 <30>: ***30%%d%%p30 ' ↵***
指定标注弧线位置或 [多行文字(M)/文字(T)/角度(A)]: *拾取一点*
标注文字 = 30   （如图 9-24 所示）

5）标注直径 ϕ45

① 单击 按钮（或选择"标注→标注样式"，或输入 DIMSTYLE），系统弹出"标注样式管理器"对话框。
② 单击"替代"按钮，进入"替代当前样式"对话框。
③ 在"主单位"选项卡"前缀"框中输入：***%%C***（直径ϕ符号）。
④ 单击"确定"按钮，关闭"替代当前样式"对话框。
⑤ 单击"关闭"按钮，关闭"标注样式管理器"对话框。
⑥ 单击 按钮，（或选择"标注→线性"），命令提示为：

命令: _dimlinear
指定第一条尺寸界线原点或 <选择对象>: *拾取轮毂的左上端点*
指定第二条尺寸界线原点: *拾取轮毂的左下端点*
指定尺寸线位置或[多行文字(M)/文字(T)/角度(A)/水平(H)/垂直(V)/旋转(R)]: *拾取一点*
标注文字 = 45

同理，标注出 ϕ85、ϕ100、ϕ118、ϕ125，如图 9-25 所示。

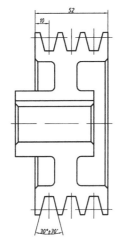
图 9-24 标注尺寸 10、52 和角度

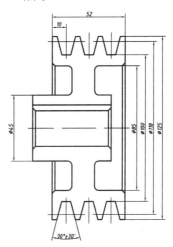
图 9-25 标注尺寸 ϕ45、ϕ85 等

6）标注$\phi25_{\ 0}^{+0.021}$

（1）设置标注样式。

① 单击 按钮（或选择"标注→标注样式"，或输入 DIMSTYLE），系统弹出"标注样式管理器"对话框。

② 单击"替代"按钮，进入"替代当前样式"对话框。

③ 单击"主单位"选项卡，将"精度"设置为"0.00"；将"小数点分隔符"列表中的"逗号"改为"句号"。

④ 单击"公差"选项卡，将对话框中的参数改为如图 9-26 所示。

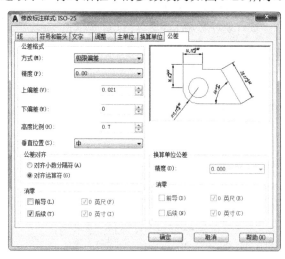

图 9-26　设置公差标注样式

⑤ 单击"直线"选项卡，复选"尺寸线"组件中"隐藏"右边的"尺寸线 2"和"尺寸界线"组件中"隐藏"右边的"尺寸界线 2"。

⑥ 单击"确定"按钮，关闭"替代当前样式"对话框。

⑦ 单击"关闭"按钮，关闭"标注样式管理器"对话框。

（2）镜像复制皮带轮轴孔的底线。单击 0 按钮，命令提示为：

> 命令: _mirror
> 选择对象: *拾取皮带轮轴孔$\phi25$ 的底线*
> 选择对象: ↵
> 指定镜像线的第一点: *拾取细点画线的左端点*
> 指定镜像线的第二点: *拾取细点画线的右端点*（或对称细点画线上的任意一点）
> 要删除源对象吗? [是(Y)/否(N)] <N>: ↵

（3）标注。

单击 按钮（或选择"标注→线性"），命令提示为：

> 命令: _dimlinear
> 指定第一条尺寸界线原点或 <选择对象>: *拾取轴孔$\phi25$ 的底线的左端点*
> 指定第二条尺寸界线原点: *拾取轴孔$\phi25$ 上底线的左端点*
> 指定尺寸线位置或[多行文字(M)/文字(T)/角度(A)/水平(H)/垂直(V)/旋转(R)]: *拾取一点*

标注文字 =45（如图 9-27 所示）

（4）删除辅助线。用 Erase 命令删除孔 $\phi25$ 的上底线。

其余尺寸参照图 9-1 标注。若尺寸放置的位置不合适，用夹点调整。

6．标注形位公差和基准

（1）标注形位公差，如图 9-28 所示。

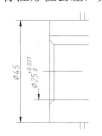

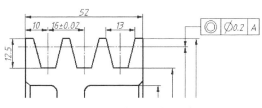

图 9-27　标注带有偏差的尺寸　　　　图 9-28　标注形位公差

单击 按钮（或输入 **LE↵**），命令提示为：

命令：_qleader
指定第一个引线点或 [设置(S)] <设置>：↵（系统弹出"引线设置"对话框，单选"公差"后，单击"确定"按钮"引线设置"对话框被关闭）
指定第一个引线点或 [设置(S)] <设置>：***拾取尺寸 φ118 的上箭头***
指定下一点：***向上竖直移动光标，拾取一点***
指定下一点：***向右水平移动光标，拾取一点***

系统弹出"形位公差"对话框。将它设置为如图 9-29 所示后，单击"确定"按钮，标注出同轴度公差。

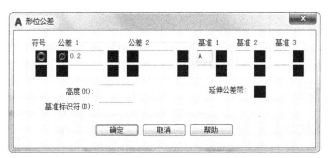

图 9-29　"形位公差"对话框

同理，标注出垂直度 ⊥ 0.1 A 、对称度 ═ 0.1 A 。

（2）标注基准。

① 按国标画出基准符号。

② 输入 Attdef 命令（或选择"绘图→块→定义属性"），把"属性定义"对话框中的参数改为如图 9-30 所示内容后，单击"确定"按钮，在 的方框内拾取一点。

③ 用块定义命令（Block）把 定义成块，取名为"JZ"，完成块定义。

④ 用块插入命令（Insert）插入基准 A，如图 9-31 所示。

图 9-30 "属性定义"对话框

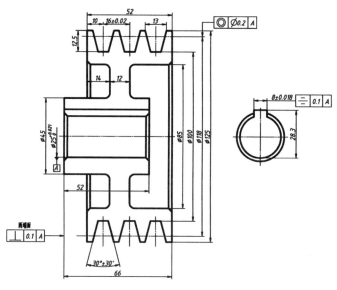

图 9-31 插入基准

7. 标注表面粗糙度

（1）用 Line（或 Pline）命令画出√。

```
命令： L↵    (Line 画直线命令)
LINE 指定第一点：在空白区指定一点        （点 1）
指定下一点或 [放弃(U)]:@-5.67,0↵          （到点 2）
指定下一点或 [放弃(U)]:@5.67<-60↵         （到点 0）
指定下一点或 [放弃(U)]:@11.34<60↵         （到点 3）
指定下一点或 [放弃(U)]:@11<0↵             （到点 4）
指定下一点或 [放弃(U)]:↵
```

（2）画√（利用√画√）。

① 利用 COPY 复制一个√。

② 单击绘图面板圆列表下的"相切，相切，相切"按钮（或选择"绘图→圆→相切，

相切,相切"),分别拾取√的三边,画内切圆,如图 9-32 所示(也可以用三点画圆,捕捉三角形各边的中点,此时,注意表面粗糙度的画法)。

③ 用 Erase 命令删除线段 12,结果如图 9-32 所示。

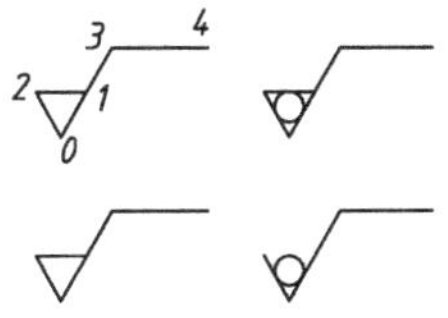

(3) 将√定义成块。

① 单击块面板中的"创建" 按钮(或输入 Block),系统弹出"块定义"对话框。

图 9-32 绘制表面粗糙度符号

② 输入块名:"***CCD0***"。

③ 单击 拾取点 "块定义"对话框暂时消失。

④ 拾取点 O,"块定义"对话框又出现。

⑤ 单击 选择对象,"块定义"对话框又暂时消失。

⑥ 选取√后按回车键,"块定义"对话框又出现。

⑦ 按回车键,结束块定义。

将√定义成带属性的块(方法参见第 7 章),取块名为"CCD"。

(4) 块的插入。

为快速将块插入合适位置,可清除对象捕捉中的其他捕捉方式,打开"最近点"捕捉方式。根据图 9-1 所示,标注表面粗糙度。引线用 QLeader 快速引线命令绘制。

8. 绘制剖面线

(1) 单击 08尺寸 ,在列表框中单击"05 细点画线"左边的 按钮(关闭细点画线图层的显示),再选择"10 剖面符号",进入剖面符号图层。

(2) 单击 按钮,(或选择"绘图→图案填充",或输入 Hatch),功能区出现"图案填充创建"选项卡。

(3) 单击"ANSI31" 图案。

(4) 在皮带轮主视图中的上半部和下半部封闭区域内各拾取一点,封闭区域边界变虚,如图 9-33 所示。

(5) 按回车键,填充图案,结果如图 9-34 所示。尺寸数字后的图线自动消隐。

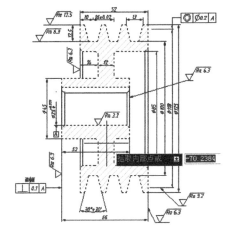

图 9-33 选择填充边界

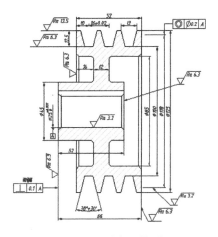

图 9-34 填充后的图形

9. 注写技术要求、绘制标题栏

用 Text 或 Dtext 命令注写图中文字（略）。

以上是用 AutoCAD 绘制工程图的基本方法。其实，在用 AutoCAD 绘制工程图时，使用样板图，或用已有的图形进行修改，可省去很多重复性的操作。

例2 绘制轴承座，如图 9-35 所示。

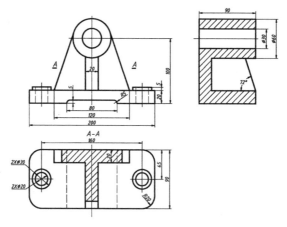

图 9-35　轴承座

从所给的轴承座三视图可以看出，该机件左右对称，主俯视图可先画一半，另一半镜向画出。参考步骤如下：

（1）建立图层、设置颜色、线型和线宽（方法参见例1）。

（2）绘制中心线和 $\phi 30$、$\phi 60$ 圆（如图 9-36 所示）。

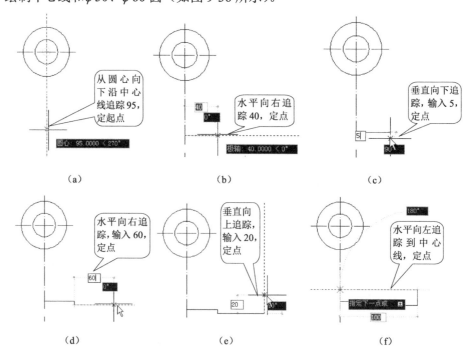

图 9-36　绘制底板的过程

(3) 用对象追踪绘制底板轮廓线,过程如图9-36所示。
(4) 绘制支撑板和肋板轮廓线,过程如图9-37所示。

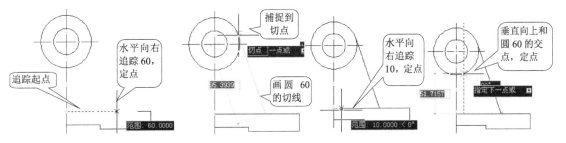

图9-37 绘制支撑板和肋板的过程

(5) 画底板上的凸台和φ20孔轮廓线,过程如图9-38所示。

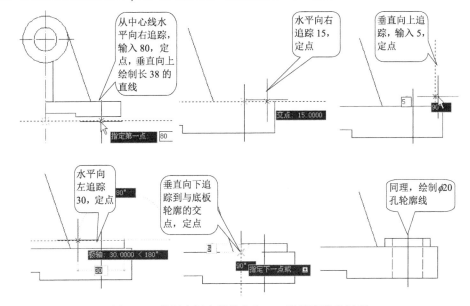

图9-38 绘制底板上的凸台和φ20孔轮廓线的过程

(6) 用LTScale命令调整线型比例,用Mirror镜像出主视图的另一半,如图9-39所示。

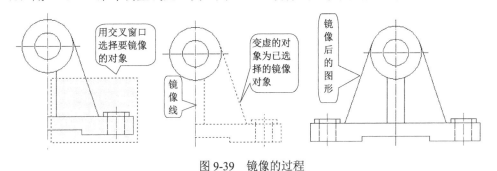

图9-39 镜像的过程

(7) 采用同样的方法绘制俯视图主体轮廓,过程如图9-40所示。

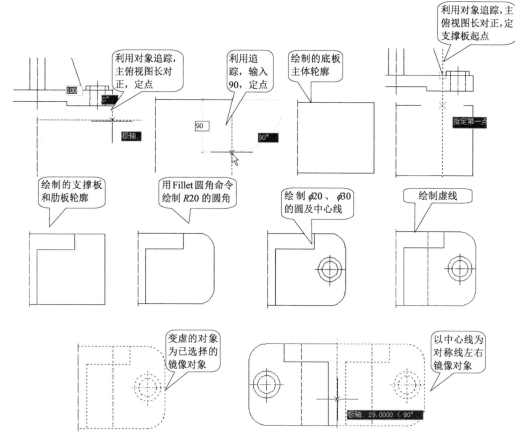

图 9-40 绘制俯视图主体轮廓的过程

(8) 绘制左视图主体轮廓,过程如图 9-41 所示。

图 9-41 绘制左视图主体轮廓的过程

(9) 绘制俯视图的剖切位置和剖切截面轮廓。从所给的已知视图可以看出,俯视图是全剖视图,剖切位置在圆柱筒和底座之间,具体位置可任意定,但是一旦确定了剖切平面的上下位置,它与支承板和肋板的交线位置就确定了。具体交线的端点坐标值需作辅助线从图中确定(即根据三视图的"长对正、宽相等"作图),过程如图 9-42 所示。

(10) 填充剖面线,标注尺寸(略)。

余下部分请读者自己完成。

注意:绘制时,先画大的结构,后画小的结构;先画主体,后画细节。铸造圆角用 Fillet 圆角命令绘制。

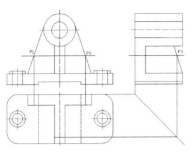 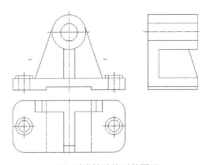

(a) 确定剖切位置，绘制出辅助线　　　　　(b) 删除辅助线后的图形

图 9-42　绘制俯视图的剖切位置和剖切截面轮廓的过程

9.3　绘制土建类图形举例

例 1　绘制一简易卫生间平面图。

画出如图 9-43 所示的图形（练习设置绘图界限、多线、设计中心、建筑标注等的用法）。

步骤如下：

（1）用定义好的样板开始一幅新图，并用 Limits 命令将绘图界限设为(0,0)～(2000,3000)。

（2）在细点画线图层用 Line 命令绘制 2900×1940 的矩形。

（3）用 LTScale 线型比例命令，将线型比例设置为 10。

（4）在粗实线图层绘制墙体。

选择菜单命令"绘图→多线"（或输入 Mline），命令提示及操作为：

```
命令: _mline
当前设置: 对正 = 上，比例 = 20.00，样式 = STANDARD
指定起点或 [对正(J)/比例(S)/样式(ST)]: s↙（选择比例 Scale）
输入多线比例 <20.00>: 240↙（设定多线比例为 240）
当前设置: 对正 = 上，比例 = 240.00，样式 = STANDARD
指定起点或 [对正(J)/比例(S)/样式(ST)]: j↙（选择对正方式 Justification）
输入对正类型 [上(T)/无(Z)/下(B)] <上>: Z（选择无 Zero 对齐方式）
当前设置: 对正 = 无，比例 = 240.00，样式 = STANDARD
指定起点或 [对正(J)/比例(S)/样式(ST)]: 从矩形左下角点向右追踪240，定点
指定下一点: 捕捉矩形左下角点，定点
指定下一点或 [放弃(U)]: 捕捉矩形左上角点，定点
指定下一点或 [闭合(C)/放弃(U)]: 捕捉矩形右上角点，定点
指定下一点或 [闭合(C)/放弃(U)]: 捕捉矩形右下角点，定点
指定下一点或 [闭合(C)/放弃(U)]: 水平向左300，定点
指定下一点或 [闭合(C)/放弃(U)]: ↙（结束多线命令）
```

按回车键，重复多线命令，绘制出下边中间段多线，如图 9-44 所示。

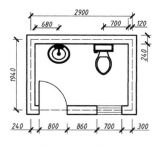
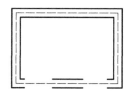

图 9-43　卫生间　　　　　图 9-44　绘制中心线和多线

（5）用 Line 命令绘制直线，将多线闭合，如图 9-45 所示，注意图层的改变。
（6）用 Line 命令画直线、用 Arc 画圆弧（画门），如图 9-46 所示。

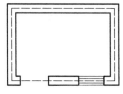
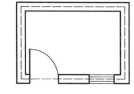

图 9-45　画直线封闭多线　　　图 9-46　画门（直线和圆弧）

（7）使用"设计中心"添加马桶、洗脸池和水龙头。
① 按 Ctrl+2 组合键（或输入 ADC 回车）打开"设计中心"对话框，依次选择文件夹→House Designer→块→"马桶-（俯视）"，如图 9-47 所示。

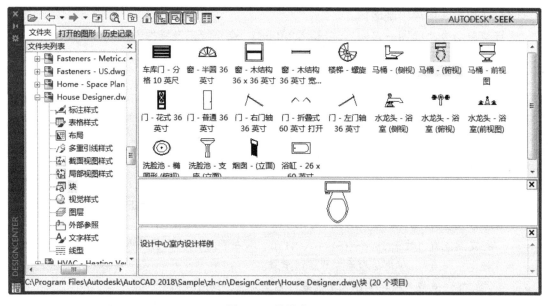

图 9-47　设计中心

② 双击"马桶-（俯视）"，打开"插入"对话框，将其设置为如图 9-48 所示后，单击"确定"按钮，将马桶图块插入图内。

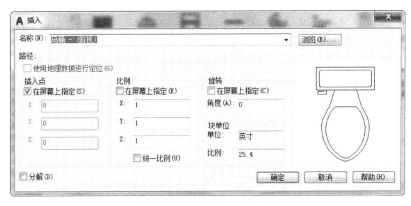

图 9-48 "插入"对话框

同理,插入洗脸池和水龙头。

③ 关闭设计中心。

(8) 设置建筑尺寸标注样式,标注尺寸。

① 单击 按钮,单击"标注样式管理器"中的 修改(M)... 按钮,单击"修改标注样式"中的"符号和箭头"选项卡,单击箭头的"第一个"列表,选择"建筑标记",如图 9-49 所示。

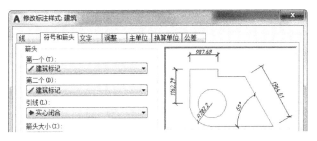

图 9-49 设置"建筑"标注的箭头

② 单击"调整"选项卡,将其设置为如图 9-50 所示。

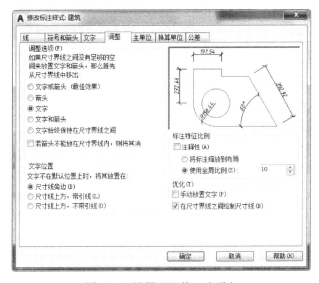

图 9-50 设置"调整"选项卡

③ 单击"线"选项卡，将"起点偏量"设置为5，单击"确定"按钮。
④ 单击"关闭"按钮，完成尺寸标注设置。
⑤ 单击 A 按钮设置文字样式（字体采用 gbeitc.shx，设置方法参见第6章）。
⑥ 在尺寸图层，标注如图9-43所示的尺寸。
（9）完成绘图，保存图形。

例2 绘制平面图形并标注尺寸，如图9-51所示。

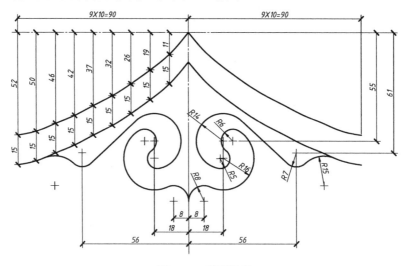

图9-51 平面图形

通过该例练习，进一步掌握用AutoCAD绘制圆弧连接的画法和土建类视图尺寸的注法。先从土建类画法几何及制图基础的角度分析图形基线、已知线段和各连接圆弧。

分析图形基线。本图形是以通过最高点的水平线和左右对称线作为基线的。

分析已知线段：

（1）根据给出的坐标尺寸，左右两段非圆曲线为已知。

（2）根据竖直尺寸61，水平尺寸56，左右两段 $R7$ 圆弧为已知。

（3）根据竖直尺寸55，水平尺寸18和18+5，$R14$ 和 $R6$ 左右对称的两段圆弧为已知。

（4）$R14$ 和 $R7$ 圆弧之间的公切线为已知。

分析各连接圆弧：

（1）$R15$ 圆弧是连接 $R7$ 圆弧和非圆曲线的。$R15$ 圆弧的圆心由与非圆曲线相距为15的平行线和以 O（由尺寸61和56可得）为圆心，7+15为半径的圆弧相交后定出。

（2）$R5$ 圆弧是连接 $R6$ 和 $R14$ 的。

（3）$R16$ 圆弧是连接 $R6$ 的，且圆心在与对称线水平距离为18的直线上。

（4）$R8$ 和 $R16$ 连接，与对称线相切。

手工绘图是按分析的步骤，用"连接圆弧"的作图方法找出各连接弧的连接点及圆心。AutoCAD画此图的方法与之类似，但要比手工画图快速准确。此图左右对称，可根据尺寸先画出右边一半，左边用 Mirror 镜像命令画出。具体步骤如下：

（1）开始一张新图，建立新图层、设置颜色、线型和线宽（也可用定义好的样板或在现有的图形基础上绘制）。

（2）画竖直对称线和水平点画线。在细点画线图层上，用 Line 直线命令，如图 9-52 所示。

（3）设置坐标原点。为便于定点，将坐标原点移到点画线的交点处，如图 9-52 所示。（方法：单击 UCS 图标，出现夹点后，单击原点夹点，移到点画线的交点处单击）。

（4）根据所给坐标尺寸，用 Spline 命令绘制非圆曲线。进入粗实线图层，按 F12 键，关闭动态输入，单击 ~ 按钮，依次输入点(0,0)，(10,−11)，(20,−19)，(30,−26)，(40,−32)，(50,−37)，(60,−42)，(70,−46)，(80,−50)，(90,−52)后，按回车键结束，绘制出右上的一条非圆曲线。

用 Copy 命令，向下复制出第二条非圆曲线（间距为 15），如图 9-53 所示。

 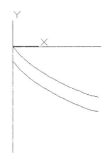

图 9-52　绘制对称线和点画线　　　图 9-53　绘制非圆曲线

（5）根据所给尺寸画圆弧。从图 9-51 中可以看出，因不知圆弧的起点和终点，可用 Circle 命令画圆，再用 Trim 修剪命令剪去多余的线。

① 画已知圆弧 $R7$、$R14$、$R6$、$R14$ 与 $R7$ 弧之间的公切线，如图 9-54 所示。

用 Circle 命令画圆，圆心、半径分别为(56,−61)，$R7$；(18,−55)，$R14$；(23,−55)，$R6$。公切线用 Line 命令和相切关系绘制。

② 画连接圆弧 $R15$（见图 9-55）。

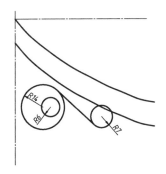 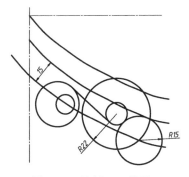

图 9-54　绘制 $R7$、$R14$、$R6$ 的圆和切线　　　图 9-55　绘制 $R15$ 的圆

$R15$ 圆弧是连接 $R7$ 圆弧和非圆曲线的，需作辅助线定 $R15$ 圆弧的圆心。
- 用 Offset 偏移命令将下面的曲线向下等距偏移 15。
- 以 $R7$ 圆的圆心为圆心，$R7+R15=R22$ 为半径画圆。
- 以偏移曲线与 $R22$ 圆的交点为圆心，$R15$ 为半径画圆。
- 用 Erase 删除命令删除偏移曲线和 $R22$ 的圆。

③ 用 Fillet 圆角命令画连接圆弧 $R5$，圆角半径 $R=5$（见图 9-56）。

④ 用 Trim 裁剪命令裁剪多余的线，结果如图 9-57 所示。

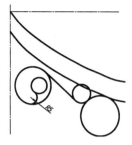

图 9-56　绘制 R5 圆弧

图 9-57　裁剪多余线后的结果 1

⑤ 同步骤②，画 R16 连接圆弧（见图 9-58）。裁剪多余线后的结果如图 9-59 所示。

⑥ 用 Circle 命令画连接圆弧 R8（见图 9-60）。

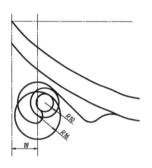

图 9-58　绘制 R16 圆弧

图 9-59　裁剪多余线后的结果 2

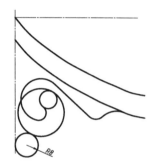

图 9-60　绘制 R8 的圆

⑦ 用 Trim 裁剪命令，裁剪多余的线，结果如图 9-61 所示。

（6）用 Mirror 命令镜像出图形左半部分，如图 9-62 所示。

图 9-61　裁剪多余的图线

图 9-62　镜像后的结果

（7）标注半径尺寸和画圆弧中心标记。

① 单击 按钮设置尺寸标注格式，并新建一个"建筑"标注样式（设置方法参见例 1）。

② 单击 按钮设置文字样式（字体采用 gbeitc.shx，设置方法参见第 6 章）。

③ 在尺寸图层标注圆弧中心标记和圆弧半径（如图 9-63 所示）。

（8）标注线性尺寸。由图 9-51 可以看出，非圆曲线的 Y 坐标方向尺寸是均匀分布的，可先用 ARRAY 命令作出等距辅助线，定出标注位置，待标注好尺寸后再擦去辅助线，如图 9-64 所示。

标注（略），结果如图 9-51 所示。

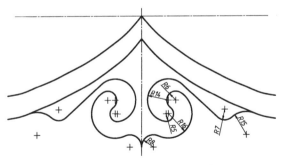

图 9-63 标注圆弧中心和半径

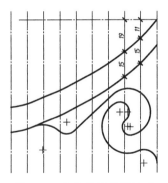

图 9-64 标注非圆曲线尺寸

9.4 打 印 图 形

绘制图形后，可以使用多种方法输出。可以将图形打印在图纸上，也可以创建成文件供其他应用程序使用。要打印单一布局或部分图形，可使用"打印"对话框。使用命名页面设置或修改"打印"对话框中的设置，可以定义图形的输出。要输出多个图形，使用"发布"对话框。以上两种情况都需要进行打印设置。

打印图形的步骤：

（1）选择"文件→打印"，系统弹出"打印-模型"对话框，如图9-65所示。

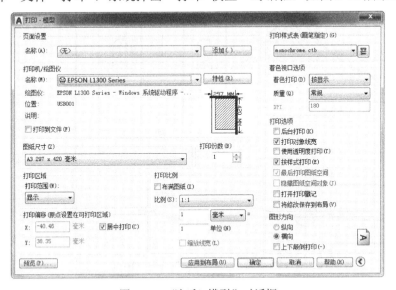

图 9-65 "打印-模型"对话框

（2）在"打印-模型"对话框的"打印机/绘图仪"下，从"名称"列表中选择一种绘图仪。

（3）在"图纸尺寸"下，从"图纸尺寸"框中选择图纸尺寸。

（4）（可选）在"打印份数"下，输入要打印的份数。

（5）在"打印区域"下，指定图形中要打印的部分。

（6）在"打印比例"下，从"比例"框中选择缩放比例。

（7）（可选）在"打印样式表"下，从"名称"框中选择打印样式表。

（8）（可选）在"着色视口选项"和"打印选项"下，选择适当的设置。

（9）在"图形方向"下，选择一种方向。

（10）单击"预览"按钮，如果对结果满意，单击"确定"按钮。

关于打印的详细说明，参见 AutoCAD 帮助文档。

习　　题

9-1．请用两种不同的方法绘制皮带轮零件图。

9-2．绘制踏脚座零件图（可参考图中给出的步骤绘制）。

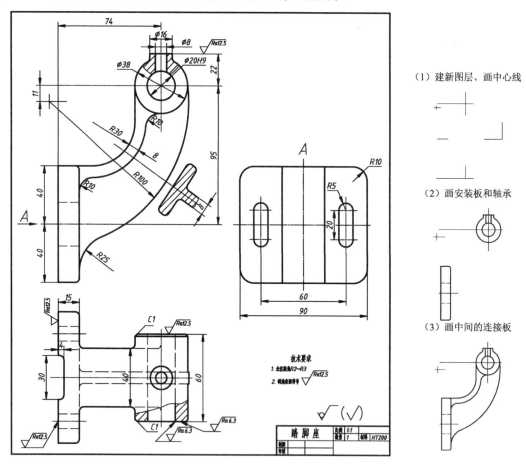

图 9-66　题 9-2 图

（4）俯视图前后对称，所以可先画俯视图的一半

（5）镜像俯视图的另一半

（6）画俯视图的局部剖面，波浪线用样条曲线 Spline 命令画

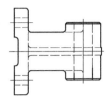
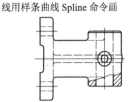

（7）A 向视图也对称，所以也用镜像的方法绘制。画 A 向视图的一半

（8）镜像 A 向视图的另一半

（9）画主视图的局部剖面和移出断面

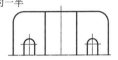

提示：画移出断面时先画点画线，然后用 UCS 命令将坐标系与所画的点画线对齐，画出一半后再镜像出另一半

图 9-66　题 9-2 图（续）

注意：绘制时，先画大的结构，后画小的结构；先画主体，后画细节。铸造圆角用 Fillet 圆角命令绘制。

9-3．绘制轴承座零件图。

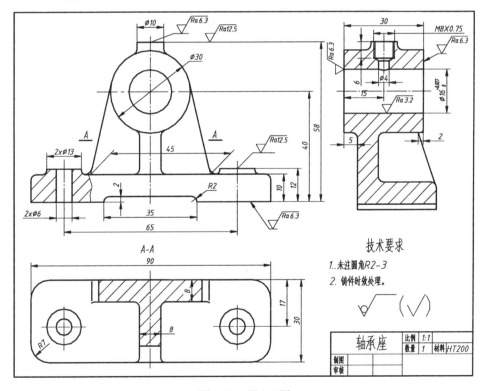

图 9-67　题 9-3 图

9-4．绘制手轮零件图。

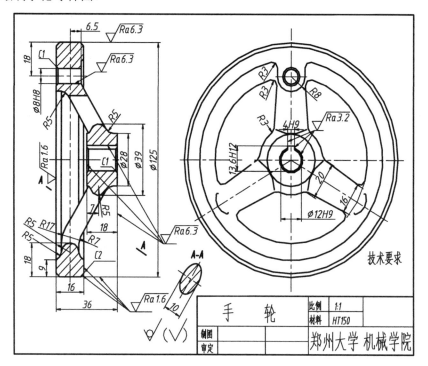

图 9-68　题 9-4 图

9-5．绘制倒长圆形薄壳基础（剖面图案填充两次，用"AR-CONC"和"SACNCR"图案，比例分别为 1、50）。

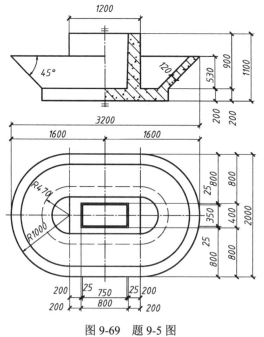

图 9-69　题 9-5 图

9-6. 绘制楼梯踏步剖面详图。

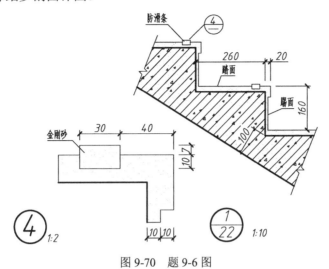

图 9-70　题 9-6 图

第 10 章　绘制轴测图

轴测图是单面投影图，它能同时反映物体的三面投影，立体感较强，一般用于辅助图样，方便他人看图，但它仍是二维图形，不是三维图，不能着色或被其他三维软件处理。

轴测图按投影方向可分为正轴测图和斜轴测图。根据轴向变形系数不同，这两类轴测图又可分为三种，在此仅讨论正等轴测图的画法。

10.1　基本设置

轴测图能同时反映物体的三面投影，这三个面分别称为轴测图的顶面、右面、左面，如图 10-1 所示。空间和这三面平行的圆在轴测图上的投影是椭圆，如图 10-2 所示。因此，在绘制轴测图时，应将作图平面设置为轴测面形式。

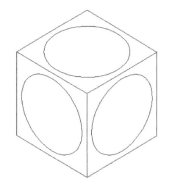

图 10-1　轴测图的三个面　　　　　　图 10-2　轴测图三个面上的椭圆

设置方法如下所述。

在状态栏的"栅格"按钮上单击鼠标右键，选择"栅格设置"选项，在弹出的"草图设置"对话框的"捕捉和栅格"选项卡中选择"等轴测捕捉"（Isotremic Snap）选项，如图 10-3 所示，单击"确定"按钮。

按 F5 键可转换轴测图的三面。

绘制正等轴测图主要用极坐标方式，坐标轴如图 10-4 所示。延 X 轴的正向为 210°、负向为 30°，Y 轴的正向为 –30°、负向为 150°，Z 轴的正向为 90°、负向为 –90°。

标注尺寸用 Dimaligned（对齐命令，工具条中图标为 ）。标注后还需要用 Dimedit 命令（工具条中图标为 ）中的 Oblique "倾斜"选项调整，调整角度为 30°、–30°、90°。

第10章 绘制轴测图

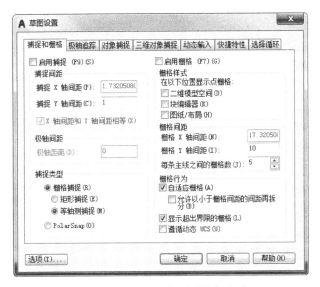

图 10-3 设置正等轴测图捕捉方式

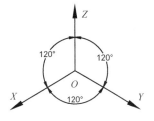

图 10-4 极坐标轴

10.2 应 用 举 例

画出如图 10-5 所示的图形并标注尺寸。通过该例练习，掌握用 AutoCAD 绘制轴测图的画法和轴测图尺寸的注法。

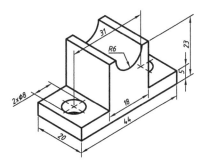

图 10-5 应用举例图形

1. 分析设置图层等

分析此图可知，需要设置三个图层，分别存放轮廓线、细点画线和尺寸；因尺寸不大，可先将作图区域局部放大，便于画图开启栅格点<Grid on>、栅格捕捉<Snap on>和对象捕捉<Osnap on>；将"捕捉类型和样式"设置为"等轴测捕捉"状态，如图 10-3 所示。

2. 画出主轮廓

命令: *L↵*
　LINE 指定第一点: *拾取一点* （在适当的位置确定一点）
　指定下一点或 [放弃(U)]: *@44<30↵*（在动态输入"DYN"开启时，可不输入符号"@"）

```
指定下一点或 [放弃(U)]: @5<90↵
指定下一点或 [闭合(C)/放弃(U)]: @13<210↵
指定下一点或 [闭合(C)/放弃(U)]: @18<90↵
指定下一点或 [闭合(C)/放弃(U)]: @18<210↵
指定下一点或 [闭合(C)/放弃(U)]: @18<-90↵
指定下一点或 [闭合(C)/放弃(U)]: @13<210↵
指定下一点或 [闭合(C)/放弃(U)]: @5<-90↵
指定下一点或 [闭合(C)/放弃(U)]: @20<150↵
指定下一点或 [闭合(C)/放弃(U)]: @5<90↵
指定下一点或 [闭合(C)/放弃(U)]: @13<30↵
指定下一点或 [闭合(C)/放弃(U)]: @18<90↵
指定下一点或 [闭合(C)/放弃(U)]: @18<30↵
指定下一点或 [闭合(C)/放弃(U)]: @20<-30↵
指定下一点或 [闭合(C)/放弃(U)]: ↵
```

结果如图10-6所示。

```
命令: L↵
LINE 指定第一点: 拾取点1
指定下一点或 [放弃(U)]: 拾取点6
```

同理，画出线段16、25、34，结果如图10-7所示。

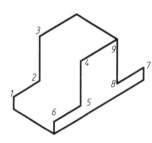
图10-6 画直线图1

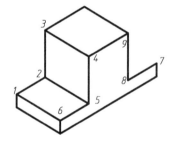
图10-7 画直线图2

3. 画点画线，确定椭圆的圆心

改变当前层进入点画线层。

```
命令: L↵
LINE 指定第一点: _mid 单击按钮，拾取线段16
指定下一点或 [放弃(U)]: @43<30↵
指定下一点或 [放弃(U)]: ↵
命令: ↵
LINE 指定第一点: _mid 单击按钮，拾取线段56
指定下一点或 [放弃(U)]: @18<150
指定下一点或 [放弃(U)]: ↵
命令: ↵
```

```
LINE 指定第一点: _mid 单击 ✓ 按钮, 拾取线段78
指定下一点或 [放弃(U)]: @18<150↵
指定下一点或 [放弃(U)]: ↵
```

结果如图10-8所示。

4．画椭圆

改变当前层进入粗实线层。

按F5键使光标平行于轴测图的顶面。

```
<等轴测平面 上>（<Isoplane Top>）
```

单击 ⬭ 按钮，命令提示为：

```
命令: _ellipse
指定椭圆轴的端点或 [圆弧(A)/中心点(C)/等轴测圆(I)]: I↵ （选择 Isocircle）
指定等轴测圆的圆心: 拾取圆心a
指定等轴测圆的半径或 [直径(D)]: 4↵

命令: ↵ellipse
指定椭圆轴的端点或 [圆弧(A)/中心点(C)/等轴测圆(I)]: I↵ （选择 Isocircle）
指定等轴测圆的圆心: 拾取圆心b
指定等轴测圆的半径或 [直径(D)]: 4↵
```

按F5键使光标平行于轴测图的右面。

```
<等轴测平面 右>（<Isoplane Right>）
命令: ↵ellipse
指定椭圆轴的端点或 [圆弧(A)/中心点(C)/等轴测圆(I)]: I↵ （选择 Isocircle）
指定等轴测圆的圆心: 单击 ✓ 按钮, 拾取线段49
指定等轴测圆的半径或 [直径(D)]: 6↵
```

结果如图10-9所示。

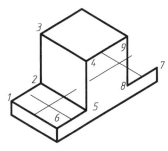
图10-8　中心线

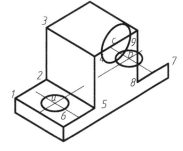
图10-9　画椭圆

5．复制椭圆和直线

单击 ⬓ 按钮，命令提示为：

```
命令: _copy
选择对象: 拾取椭圆a
```

```
选择对象: ↵
指定基点或 [位移(D)] <位移>: 拾取椭圆圆心
指定第二个点或 <使用第一个点作为位移>: @5<-90↵
指定第二个点或 [退出(E)/放弃(U)] <退出>: ↵
命令: ↵
COPY
选择对象: 拾取椭圆 c
选择对象: ↵
指定基点或 [位移(D)] <位移>: 拾取点 4
指定第二个点或 <使用第一个点作为位移>: 拾取点 3
指定第二个点或 [退出(E)/放弃(U)] <退出>: ↵
```

同理，复制出所缺的线段，如图 10-10 所示。

用 Trim、Break 命令修剪多余的线，结果如图 10-11 所示。

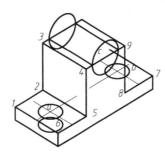

图 10-10 复制椭圆和直线

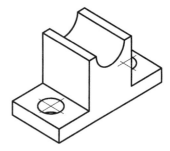

图 10-11 修剪后的图形

6．标注尺寸。

改变当前层进入尺寸线层。

单击 按钮，拾取端点标注尺寸 44、20、5、18，如图 10-12 所示。

7．调整尺寸

从图中可看出，它们的方向与图形不协调，需进一步调整（将尺寸旋转 90°、30°、-30°）。

单击 按钮，命令提示为：

```
命令: _dimedit
输入标注编辑类型 [默认(H)/新建(N)/旋转(R)/倾斜(O)] <默认>: O↵
选择对象: 拾取尺寸 44
选择对象: 拾取尺寸 20
选择对象: 拾取尺寸 18
选择对象: ↵
输入倾斜角度 (按回车键表示无): 90↵
命令: ↵
DIMEDIT
输入标注编辑类型 [默认(H)/新建(N)/旋转(R)/倾斜(O)] <默认>: O↵
```

```
选择对象：拾取尺寸 5
选择对象：↵
输入倾斜角度 (按回车表示无)：30 ↵
```

结果如图 10-13 所示。其他尺寸的标注按图 10-5 所示，此处省略。

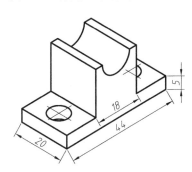

图 10-12　标注尺寸

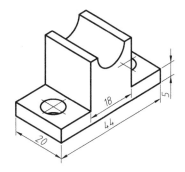

图 10-13　调整后的标注

习　　题

10-1．绘制下列立体的轴测图。

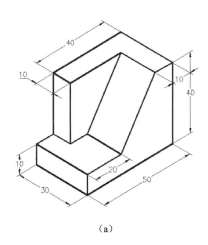

（a）

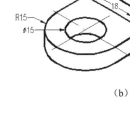

（b）

图 10-14　题 10-1 图

第 11 章 创建三维模型

三维建模有很多优点,用户通过它可以从任何有利位置查看模型、自动生成可靠的标准或辅助二维视图、创建截面和二维图形、消除隐藏线并进行真实感着色、检查干涉和执行工程分析、添加光源和创建真实渲染、浏览模型、使用模型创建动画、提取加工数据等。

AutoCAD 2018 具有较强的三维功能,它提供了"三维基础"和"三维建模"两个工作空间,可用于创建三维实体、曲面和网格对象。

实体、曲面和网格对象提供不同的功能,这些功能综合使用时可提供强大的三维建模工具套件。例如,可以将图元实体转换为网格,以使用网格锐化和平滑处理。然后,可以将模型转换为曲面,以使用关联性和非均匀有理 B 样条(Non-Uniform Rational B-Splines,NURBS)建模。

11.1 实 体 模 型

实体模型是具有质量、体积、重心和惯性矩等特性的封闭三维体。

AutoCAD 2018 提供创建实体的基本方法有直接创建图元实体(长方体、圆柱体等,见图 11-1)、通过拉伸、旋转、扫掠和放样创建实体,如图 11-2 所示。对创建的实体进行并、交、差、布尔运算或倒角、圆角等修改,可创建出复杂的实体,如图 11-3 所示。

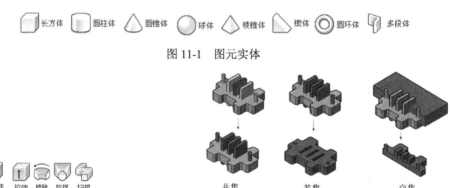

图 11-1 图元实体

图 11-2 创建实体的基本方法   图 11-3 复杂实体

11.1.1 基本操作

1. 新建三维图形

单击"新建"按钮,在弹出的对话框中选择"acadiso3D.dwt"选项,在工作空间列表中选择"三维建模"选项,绘图界面如图 11-4 所示。

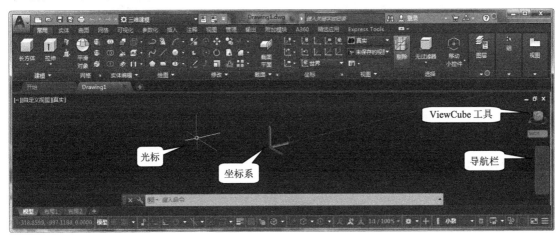

图 11-4 三维建模绘图界面

2. 创建一个 80×80×40 的长方体

(1)单击"常用"选项卡"建模"面板中的"长方体"按钮(或选择"绘图→建模→长方体"选项,或输入 Box 命令),命令提示为:

> 命令:_box
> 指定第一个角点或 [中心(C)]: **0,0↙** (也可在绘图区任意位置单击一点)
> 指定其他角点或 [立方体(C)/长度(L)]: **@80,80↙**(给定长方体底面上的另一点)
> 指定高度或 [两点(2P)] <0.0000>: **40↙**(给定长方体的高度)

(2)用鼠标中间滚轮和 Pan 平移命令调整视图显示,如图 11-5 所示。

3. 用夹点控制模型

AutoCAD 从 2007 版本以后为三维模型提供了直接控制其形状的夹点,用户可以方便地用它编辑模型。

(1)将光标移到长方体上,长方体高亮显示,单击长方体,出现控制夹点,如图 11-6 所示。

图 11-5 创建长方体

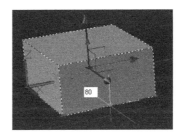

图 11-6 长方体上的夹点及所指夹点的数值

(2)将光标移动到一个夹点上暂停,出现相应的数值,如图 11-6 所示。

(3)单击高度夹点,向下移动光标,输入数值 10,按回车键(见图 11-7),长方体的高度变为 30(见图 11-8)。同理,可以改变长度、宽度。

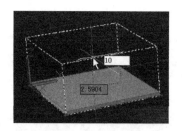
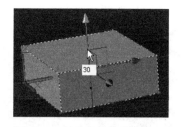

图 11-7　输入高度向下变化值 10　　　　图 11-8　长方体的高度变为 30

（4）按住 Ctrl 键不放，单击上前边，在此边上出现控制夹点，且坐标原点移到该夹点，如图 11-9 所示。

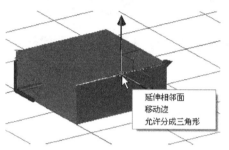

图 11-9　按 Ctrl 键拾取边线控制点

（5）单击该夹点，沿 –X 轴向移动光标 40（见图 11-10），长方体变为梯形，如图 11-11 所示。

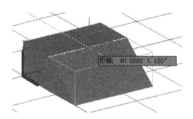
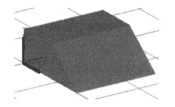

图 11-10　沿 –X 轴向移动光标 40　　　　图 11-11　长方体变为梯形

注意：按 F9 键开启网格捕捉，便于用指针定点。下面的图是将背景色设置为"白色"。

（6）按住 Ctrl 键不放，单击左侧面（在此面中间出现坐标轴，见图 11-12），单击该面夹点，沿 Y 轴向移动光标 40（见图 11-13），模型变为梯形块（见图 11-14）。

注意：按住 Ctrl 键不放，可选择多个边线或面。

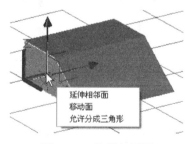

图 11-12　选择左侧面

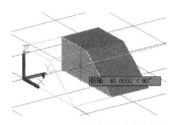 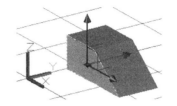

图 11-13　沿 Y 轴向移动左侧面　　　　　图 11-14　沿 Y 轴向移动侧面后的梯形

4．在梯形面上创建一个圆柱体

（1）单击"常用"选项卡"建模"面板中的"圆柱体"按钮（在长方体列表下，或选择"绘图/建模/圆柱体"，或输入 Cylinder 命令）。

（2）移动光标到梯形块的左侧面，并使该面高亮显示（若不高亮显示，按 F6 键，开启动态 UCS，见图 11-15），单击指定圆心。

（3）给定圆柱半径值 10（见图 11-16）。

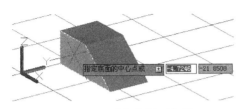 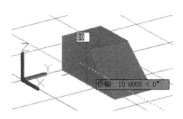

图 11-15　选择左侧面定圆心　　　　　　图 11-16　给定圆柱体半径

（4）沿 –Y 轴向移动光标，给定圆柱体高度值为 25（见图 11-17），创建的圆柱体如图 11-18 所示。

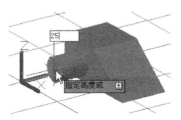 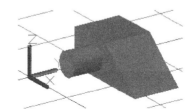

图 11-17　给定圆柱体的高度　　　　　　图 11-18　创建的圆柱体

同理，也可以用夹点改变圆柱体的半径、高度、位置。其他基本体的创建方法和步骤参见 AutoCAD 提供的帮助。

11.1.2　视图控制

1．界面显示控制

通过在绘图区单击鼠标右键，选择"选项"，打开"选项"对话框，从"显示"选项卡中选择"颜色"按钮，可以开启"图形窗口颜色"对话框，从中可以设置界面颜色。

按 F7 功能键，可以关闭或开启视图网格。

2. 视觉样式

视觉样式控制边的显示和视口的着色，可通过更改视觉样式的特性控制其效果。应用视觉样式或更改其设置时，关联的窗口会自动更新以反映这些更改。

AutoCAD 2018 提供以下 10 种预定义的视觉样式（见图 11-19，在"常用"选项卡的"视图"面板中）。

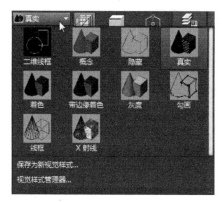

图 11-19　AutoCAD 2018 预定义的视觉样式

（1）二维线框：通过使用直线和曲线表示边界的方式显示对象。光栅和 OLE 对象、线型和线宽均可见。

（2）概念：使用平滑着色和古氏面样式显示对象。古氏面样式在冷暖颜色而不是明暗效果之间转换。效果缺乏真实感，但是可以更方便地查看模型的细节。

（3）消隐：使用线框表示法显示对象，隐藏背面的线。

（4）真实：使用平滑着色和材质显示对象。

（5）着色：使用平滑着色显示对象。

（6）带边缘着色：使用平滑着色和可见边显示对象。

（7）灰度：使用平滑着色和单色灰度显示对象。

（8）勾画：使用线延伸和抖动边修改器显示手绘效果的对象。

（9）线框：通过使用直线和曲线表示边界的方式显示对象。

（10）X 射线：以局部透明度显示对象。

3. 使用查看工具

在三维中绘图时，用户经常想要显示不同的视图以便能够在图形中看见和验证三维效果。AutoCAD 2018 提供了"三维视图""ViewCube""SteeringWheels""ShowMotion""相机""运动路径动画"和"导航栏"工具，满足用户需求。

1）ViewCube 工具

ViewCube 工具是在二维模型空间或三维视觉样式中处理图形时显示的导航工具。使用 ViewCube 工具，可以在标准视图和等轴测视图间切换。

ViewCube 工具是一种可单击、可拖动的常驻界面，显示在窗口一角（见图 11-4）。将光标放置在 ViewCube 工具上后，ViewCube 将变为活动状态（见图 11-20）。可以拖动或单击

ViewCube 上的边、角点、面（见图 11-21）来切换到可用预设视图之一、滚动当前视图或更改为模型的主视图。

图 11-20 ViewCube 工具

边　　　　　角点　　　　　面

图 11-21 ViewCube 工具上的边、角点、面

指南针显示在 ViewCube 工具的下方（见图 11-22）并指示为模型定义的北向。可以单击指南针上的基本方向字母以旋转模型，也可以单击并拖动其中一个基本方向字母或指南针圆环以绕轴心点以交互方式旋转模型。

2）SteeringWheels 工具

SteeringWheels（又称控制盘）将多个常用导航工具结合到单一界面中（见图 11-23），从而为用户节省了时间。控制盘是任务特定的，通过控制盘可以在不同的视图中导航和设置模型方向。

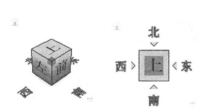

图 11-22 ViewCube 工具上的指南针

图 11-23 SteeringWheels 工具

单击"导航栏"上方的"全导航控制栏"按钮开启 SteeringWheels，在 SteeringWheels 上单击鼠标右键，在弹出的快捷菜单中选择"关闭控制盘"将其关闭，或直接按 Esc 键将其关闭。

其他工具的功能及用法请参阅 AutoCAD 提供的帮助。

4. 快速设定视图

快速设定视图的方法是选择预定义的三维视图。可以根据名称或说明选择预定义的标准正交视图和等轴测视图（见图 11-24，在"常用"选项卡的"视图"面板中）。这些视图代表常用选项：俯视、仰视、左视、右视、前视和后视。此外，可以从以下等轴测选项设定视图：SW（西南）等轴测、SE（东南）等轴测、NE（东北）等轴测和 NW（西北）等轴测。要理解等轴测视图的表现方式，可想象正在俯视盒子的顶部（见图 11-25）。如果朝盒子的左下角移动，可以从西南等轴测视图观察盒子，如图 11-26 所示。

图 11-24　预设的视图　　　图 11-25　俯视图　　　图 11-26　西南等轴测视图

11.1.3　创建拉伸对象

Extrude "拉伸" 命令通过沿指定的方向将对象或平面拉伸出指定距离来创建三维实体或曲面。如果拉伸开放对象，则生成的对象为曲面；如果拉伸闭合对象，则生成的对象为实体，如图 11-27、图 11-28 所示。

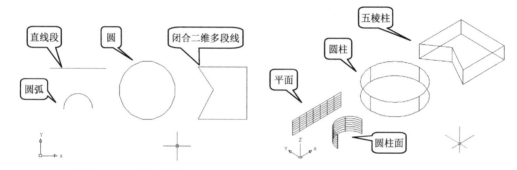

图 11-27　二维对象的俯视图　　　图 11-28　拉伸后的三维对象西南等轴测图

可以拉伸以下对象和子对象：直线、圆弧、椭圆弧、二维多段线、二维样条曲线、圆、椭圆、三维面、二维实体、宽线、面域、平面曲面、实体上的平面。

无法拉伸以下对象：具有相交或自交线段的多段线、包含在块内的对象。

如果选定的多段线具有宽度，将忽略宽度并从多段线路径的中心拉伸多段线。如果选定对象具有厚度，将忽略厚度。

可以沿路径拉伸对象，也可以指定高度值和斜角。

例如，绘制一直线段、圆弧、圆和一闭合的二维多段线，如图 11-27 所示。单击三维制作命令面板中的"拉伸"按钮，选择上述对象后按回车键，给定拉伸高度，改变视图观察方向，变为西南等轴测，图形显示如图 11-28 所示。

11.1.4　创建旋转对象

使用 Revolve "旋转" 命令，可以通过绕轴旋转开放或闭合对象来创建实体或曲面。如果旋转闭合对象，则生成实体，如图 11-29 所示。如果旋转开放对象，则生成曲面，如图 11-30 所示。一次可以旋转多个对象，如图 11-31 所示，一次旋转直线、圆、圆弧。

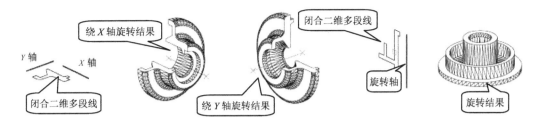

图 11-29 闭合二维多段线绕轴旋转情况

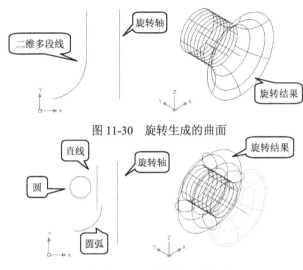

图 11-30 旋转生成的曲面

图 11-31 一次旋转多个对象

11.1.5 创建扫掠对象

使用 Sweep"扫掠"命令，可以通过沿开放或闭合的二维或三维路径扫掠开放或闭合的平面曲线（轮廓）来创建新实体或曲面，如图 11-32 所示。可以扫掠多个对象，但是这些对象必须位于同一平面中。扫掠实体和曲面将在扫掠截面轮廓及扫掠路径上显示夹点，可以使用这些夹点修改实体或曲面。

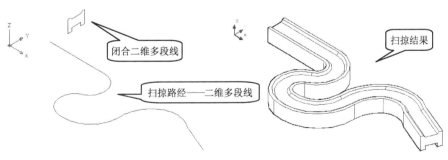

图 11-32 扫掠创建实体

扫掠与拉伸不同。沿路径扫掠轮廓时，轮廓将被移动并与路径垂直对齐，然后，沿路径扫掠该轮廓。

提示：沿螺旋扫掠轮廓（如闭合多段线），要将轮廓移动或旋转到位空间并关闭 Sweep 命令中的"对齐"选项。如果建模时出现错误，要确保结果不会与自身相交。

如果扫掠对象，则在扫掠过程中可能会扭曲或缩放对象。可以在扫掠轮廓后，使用"特性"选项板来指定轮廓的以下特性：轮廓旋转、沿路径缩放、沿路径扭曲、倾斜（自然旋转）。

例如，可以用扫掠创建螺纹（见图 11-33）等。

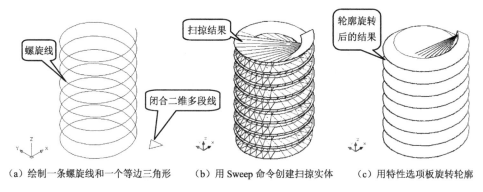

图 11-33　扫掠创建螺纹的过程

11.1.6　创建放样对象

使用 Loft"放样"命令，可以通过对包含两条或两条以上横截面曲线的一组曲线进行放样（绘制实体或曲面）来创建三维实体或曲面。

横截面定义了结果实体或曲面的轮廓（形状）。横截面（通常为曲线或直线）可以是开放的（如圆弧），也可以是闭合的（如圆）。Loft 用于在横截面之间的空间内绘制实体或曲面。使用 Loft 命令时，至少必须指定两个横截面，如图 11-34 所示。

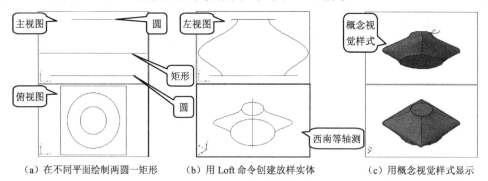

图 11-34　放样创建三维实体的过程

如果对一组闭合的横截面曲线进行放样，则生成实体。如果对一组开放的横截面曲线进行放样，则生成曲面。详情请参考 AutoCAD 提供的帮助。

11.2 三维操作

AutoCAD 2018 提供了三维移动、三维旋转、三维对齐、三维镜像、三维阵列等命令,其下拉菜单"修改"→"三维操作"下的选项如图 11-35 所示,部分命令应用如下所述。

图 11-35 "三维操作"菜单选项

11.2.1 对齐(Align)

功能:在二维和三维空间中将某对象与其他对象对齐。通过移动、旋转和按比例缩放对象使其与其他对象对齐。给要对齐的对象加上源点,给要与其对齐的对象加上目标点。如果要对齐某个对象,最多可以给对象加上三对源点和目标点。

1. 使用一对点

当只选择一对源点和目标点时,对象在二维或三维空间中从源点 1 移动到目标点 2,如图 11-36 所示。

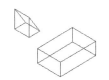 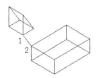

(a)创建用 Align 命令对齐的两个对象　　(b)选定两点　　(c)对齐结果

图 11-36 使用一对点对齐

操作方法如下:
创建两对象后,选择"修改→三维操作→对齐"(或输入 *Align*↵),命令提示如下:

　　命令:_align
　　选择对象:*选取三棱柱*
　　选择对象:↵
　　指定第一个源点:*选取三棱柱上的一角点 1*　(见图 11-36(a))

指定第一个目标点：*选取长方体上的一角点2*（见图11-36（b））
指定第二个源点：↵（结果见图11-36（c））

2．使用两对点

当选择两对点时，选定的对象可在二维或三维空间中移动、转动和按比例缩放，以便与其他对象对齐。第一组源点和目标点定义对齐的基点，第二组源点和目标点定义旋转角度（3,4）。在输入了第二对点后，AutoCAD会给出缩放对象提示。AutoCAD将以第一目标点和第二目标点（2,4）之间的距离作为按比例缩放对象的参考长度，只有使用两对点对齐对象时才能使用缩放，如图11-37所示。

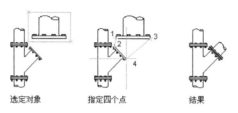

图11-37　使用两对点对齐

注意：如果使用两个源点和目标点在非相互垂直的工作平面内执行三维对齐操作，将会产生不可预料的结果。

3．使用三对点

当选择三对点时，对象可在三维空间中移动和旋转，以便与其他对象对齐。对象从源点1移到目标点2。源对象旋转（1和3），与目标对象（2和4）对齐。源对象再旋转（3和5），与目标对象（4和6）对齐，如图11-38所示。

图11-38　使用三对点对齐

例如，创建两对象后，选择"修改→三维操作→三维对齐"（或输入 ***3dalign↵***），命令提示如下：

```
命令：_3dalign
选择对象：选择四棱锥
选择对象：
指定源平面和方向 ...
指定基点或 [复制(C)]：选择四棱锥上的1点（见图11-39）
指定第二个点或 [继续(C)] <C>：选择四棱锥上的2点（见图11-39）
指定第三个点或 [继续(C)] <C>：选择四棱锥上的3点（见图11-39）
指定目标平面和方向 ...
```

指定第一个目标点：*选择四棱柱上的 4 点*（见图 11-39）
指定第二个目标点或 [退出(X)] <X>：*选择四棱柱上的 5 点*（见图 11-39）
指定第三个目标点或 [退出(X)] <X>：*选择四棱柱上的 6 点*（见图 11-39）

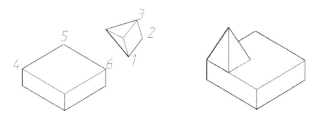

图 11-39　三维对齐

11.2.2　三维镜像（Mirror3d）

Mirror3d 命令可以通过指定镜像平面来镜像对象。镜像平面可以是以下平面：平面对象所在的平面，通过指定点且与当前 UCS 的 *XY*、*YZ* 或 *XZ* 平面平行的平面，由三个指定点（2、3 和 4）定义的平面，如图 11-40 所示。

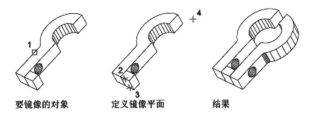

图 11-40　三维镜像操作

11.2.3　加厚（Thicken）

使用 Thicken 命令将曲面转换为实体。通过加厚曲面可以从任何曲面类型创建三维实体，如图 11-41 所示。

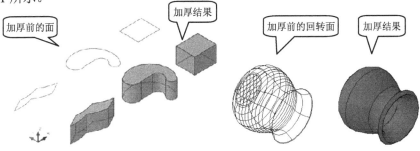

图 11-41　加厚曲面

11.2.4 剖切（Slice）

通过剖切现有实体可以创建新实体。可以通过多种方式定义剪切平面，包括指定点或者选择曲面或平面对象。

使用 Slice "剖切" 命令剖切实体时，可以保留剖切实体的一半或全部。剖切实体不保留创建它们原始形式的历史记录。剖切实体保留原实体的图层和颜色特性。

剖切实体的默认方法是，指定两个点定义垂直于当前 UCS 的剪切平面，然后选择要保留的部分。也可以通过指定三个点，使用曲面、其他对象、当前视图、Z 轴，或者 XY 平面、YZ 平面或 ZX 平面来定义剪切平面。

举例：

（1）用画圆 Circle 命令和画直线 Line 命令画出如图 11-42 所示的图形。
（2）用 Trim 命令修剪多余的圆弧，如图 11-43 所示。
（3）用 Region 面域命令将如图 11-43 所示的图形定义为面域。

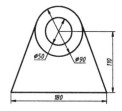
图 11-42　二维图形

图 11-43　修剪后的图形

（4）用 Extrude 拉伸命令拉伸面域，拉伸高度为 30。
（5）用 Subtract 差集命令（用法参见 11.3 节）挖出圆柱孔。
（6）将视图显示变为西南等轴测，如图 11-44 所示。
（7）用 Slice 剖切命令剖切实体，操作如下。单击 按钮（或输入 Slice），命令提示为：

命令：_slice
选择要剖切的对象：*拾取实体*
选择要剖切的对象：↵
指定切面的起点或 [平面对象(O)/曲面(S)/Z 轴(Z)/视图(V)/XY(XY)/YZ(YZ)/ZX(ZX)/三点(3)]
　　<三点>：↵
指定平面上的第一个点：_mid 于 *捕捉直边的中点*（拾取实体的对称平面作截切平面）
指定平面上的第二个点：*捕捉上圆心*
指定平面上的第三个点：*捕捉下圆心*
在所需的侧面上指定点或 [保留两个侧面(B)] <保留两个侧面>：*拾取实体的右半部*

剖切结果如图 11-45 所示，以文件名"Ex11-45"保存图形。

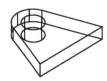
图 11-44　西南等轴测视图

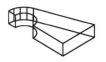
图 11-45　剖切结果

11.3 编辑三维实体模型

AutoCAD 具有很强的三维实体编辑修改功能。不仅前面学习的编辑命令，如 Move 移动、Rotate 旋转、Scale 缩放、Chamfer 倒角和 Fillet 圆角等可用于三维实体的编辑修改，而且有更强的三维编辑命令，其下拉菜单"修改"→"实体编辑"下的选项如图 11-46 所示，实体编辑面板如图 11-47 所示。

Union 并集：用并集创建组合面域或实体。
Subtract 差集：用差集创建组合面域或实体。
Intersect 交集：用交集创建组合面域或实体。
Imprint 压印边：将几何图形压印到对象的面上。
Fillet Edges 圆角边：为实体对象边建立圆角。
Chamfer Edges 倒角边：为三维实体边和曲面边建立倒角。
Color Edges 着色边：修改实体对象上单个边的颜色。
Copy Edges 复制边：将实体对象上的三维边复制为圆弧、圆、椭圆、直线或样条曲线。
Extrude Faces 拉伸面：按指定高度或沿路径拉伸实体对象的选定面。
Move Faces 移动面：按指定高度或沿路径移动实体对象的选定面。
Offset Face 偏移面：按指定的距离或点等距偏移实体对象。
Delete Faces 删除面：删除面，包括实体对象上的圆面或倒角。
Rotate Faces 旋转面：绕指定轴旋转实体对象上的一个或多个面。
Taper 倾斜面：用指定的角度来斜切实体对象的面。
Color Faces 着色面：修改实体对象上单个面的颜色。
Copy Faces 复制面：将实体对象的面复制为面域或体。
Clean 清除：删除实体对象上的所有冗余边和顶点。
Separate 分割：将不连续的三维实体对象分割为独立的三维实体对象。
Shell 抽壳：以指定的厚度在实体对象上创建中空的薄壁。
Check 检查：检验三维实体对象是否是有效的 ACIS 实体。

图 11-46 "实体编辑"菜单选项

（a）常用选项卡中的　　　　（b）实体选项卡中的

图 11-47 "实体编辑"面板

11.3.1 布尔运算

布尔运算是创建复杂面域和实体的常用方法。

1．面域（Region）间的布尔运算

面域是具有物理特性（质心）的二维封闭区域。可以将现有面域合并到单个复杂面域。面域可用于：

(1)使用 Massprop 提取设计信息，如区域和质心。
(2)应用填充和着色。
(3)使用布尔操作将简单对象合并到更复杂的对象。可以通过结合、减去或查找面域的交点创建组合面域。形成这些更复杂的面域后，可以填充或者分析它们的面积。

可以从形成闭环的对象创建面域。环可以是封闭某个区域的直线、多段线、圆、圆弧、椭圆、椭圆弧和样条曲线的组合，如图 11-48 所示。

图 11-48　构成面域的形

使用 Region 命令创建面域可以将闭合对象转化为区域，使用 Boundary 命令可从由对象包围的区域创建面域。面域间可以合并 Union、减去 Subtract 或相交 Intersect 运算，如图 11-49 所示。执行减操作的两个面域必须位于同一平面上。

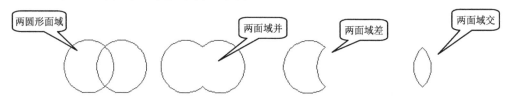

图 11-49　面域间的布尔运算

2．三维实体间的布尔运算

用布尔运算可以将两个或多个单个实体创建复合实体，如图 11-50 所示。
用 Fillet 圆角和 Chamfer 倒角命令也可以创建复合实体。

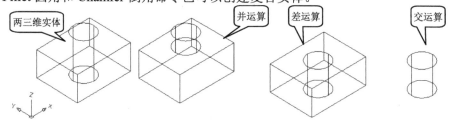

图 11-50　三维实体间的布尔运算

11.3.2　应用举例

创建如图 11-51 所示的三维组合体。
分析该组合体的结构可以看出，它是由一个基本长方体（120×80×60）通过倒角（40×50）、圆角（R30）、切槽（30×30）和挖 $\phi 20$ 的孔后形成的。创建步骤如下：
(1)创建一个长 120、宽 80、高 60 的长方体，如图 11-52 所示。

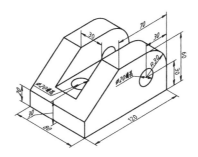

图 11-51 组合体

在三维建模工作空间，单击"常用"选项卡"建模"面板中的"长方体"按钮（或选择"绘图"→"建模"→"长方体"，或输入 Box），命令提示为：

命令: _box
指定第一个角点或 [中心(C)]: **50,50↵**
指定其他角点或 [立方体(C)/长度(L)]: **@120,80↵**
指定高度或 [两点(2P)] <60.0000>: **60↵**

（2）改变视图显示。

在"常用"选项卡"视图"面板中的"三维导航"列表中，选择"西南等轴测"，并在绘图区滚动鼠标中轮，缩小图形显示。将"视觉样式"改为"二维线框"，结果如图 11-52 所示。

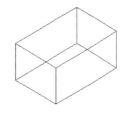

注意：也可以不改变视觉样式，采用默认的"真实"样式。

（3）倒角。

图 11-52 创建一个长方体

单击"常用"选项卡"修改"面板中的"倒角"按钮（在"圆角"列表下，或输入 Chamfer），命令提示为：

命令: _chamfer
（"修剪"模式）当前倒角距离 1 = 0.0000，距离 2 = 0.0000
选择第一条直线或 [放弃(U)/多段线(P)/距离(D)/角度(A)/修剪(T)/方式(E)/多个(M)]:
拾取左上角直边（见图 11-53）（左侧面变虚）
基面选择...
输入曲面选择选项 [下一个(N)/当前(OK)] <当前>: ↵
指定基面 倒角距离或 [表达式(E)]: **40↵**
指定其他曲面 倒角距离或 [表达式(E)] <40.0000>: **50↵**
选择边或 [环(L)]: **拾取左上角直边**（见图 11-54）
选择边或 [环(L)]: ↵ （结果见图 11-55 所示）

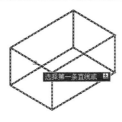

图 11-53 对棱倒角边

图 11-54 选择倒角边

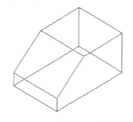

图 11-55 倒角后的结果

(4)圆角。单击"实体"选项卡"实体编辑"中的"圆角边"按钮（也可单击"常用"选项卡"修改"面板中的"圆角"按钮，或输入 Fillet），命令提示为：

```
命令:_FILLETEDGE
半径 = 1.0000
选择边或 [链(C)/环(L)/半径(R)]: 拾取右前上方边（见图 11-56）
已选定 1 个边用于圆角
按回车键接受圆角或 [半径(R)]: R↵
指定半径或 [表达式(E)] <1.0000>: 30↵
按回车键接受圆角或 [半径(R)]: ↵
```

结果如图 11-57 所示。

(5)挖槽。将视图切换到俯视图，创建一个长 120、宽 30、高 30 的长方体并将其移动到指定位置，然后进行差集运算。

① 将视图切换到俯视图。

单击"常用"选项卡"视图"面板中的"三维导航"列表，选择"俯视图"，并在绘图区滚动鼠标中轮，缩小图形显示，如图 11-58 所示。

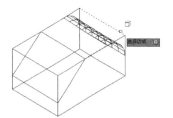
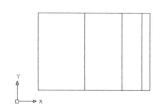

图 11-56 选择的右上角边　　图 11-57 圆角后的结果　　图 11-58 俯视图显示

② 创建一个长 120、宽 30、高 30 的长方体。

单击"常用"选项卡"建模"面板中的"长方体"按钮（或输入 Box），命令提示为：

```
命令:_box
指定第一个角点或 [中心(C)]: 50,75,30↵ （注：可以任意给定一点，但在差集运算前要移动到指定位置）
指定其他角点或 [立方体(C)/长度(L)]: @120,30↵
指定高度或 [两点(2P)] <60.0000>: 30↵ （见图 11-59）
```

③ 将视图切换到西南等轴测，如图 11-60 所示。

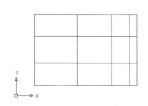
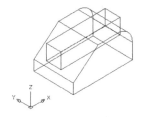

图 11-59 创建布尔运算长方体　　图 11-60 西南等轴测显示

④ 差集运算。

单击"常用"选项卡"实体编辑"面板中的"差集" ⓪按钮(或选择"修改"→"实体编辑"→"差集",或输入 Subtract),命令提示为:

  命令: _subtract 选择要从中减去的实体、曲面和面域...
  选择对象: *选择第一个实体*找到 1 个对象
  选择对象: ↵
  选择要减去的实体、曲面和面域...
  选择对象: *选择第二个长方体*找到 1 个对象
  选择对象: ↵(结果见图 11-61)

(6)挖 ϕ20 的水平孔。

① 创建直径 ϕ20、高 80 的圆柱体。

单击"常用"选项卡"建模"面板中的"圆柱体" ▯按钮(或选择"绘图"→"建模"→"圆柱体",或输入 Cylinder)命令提示为:

  命令: _cylinder
  指定底面的中心点或 [三点(3P)/两点(2P)/相切、相切、半径(T)/椭圆(E)]: *在实体前端面移动光标,在圆弧的圆心处单击*(见图 11-62)
  指定底面半径或 [直径(D)] <0.0000>: *10*↵
  指定高度或 [两点(2P)/轴端点(A)] <0.0000>: *沿-Z 轴向移动光标,输入 80*↵(见图 11-63)

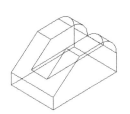 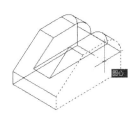 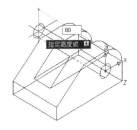

图 11-61 挖槽后的结果　　图 11-62 定圆柱体圆心的位置　　图 11-63 定圆柱高度

② 差集运算。将实体减去圆柱体,结果如图 11-64 所示。

(7)同上操作,挖竖直 ϕ20 的孔,结果如图 11-65 所示。

(8)三维隐藏显示。单击"视图"面板中"三维导航"列表中的"视觉样式"列表,从中选择三维隐藏,效果如图 11-66 所示。

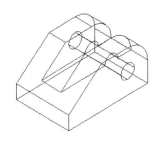 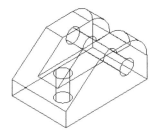 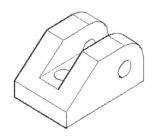

图 11-64 挖水平孔后的结果　　图 11-65 定圆柱体圆心的位置　　图 11-66 三维隐藏效果

11.3.3 编辑实体

1. 拉伸实体模型的面

可以沿一条路径拉伸平面，或者指定一个高度值和倾斜角。每个面都有一个正边，该边在面（正在进行操作的面）的法线上。输入一个正值可以沿正方向拉伸面（通常是向外）；输入一个负值可以沿负方向拉伸面（通常是向内）。

以正角度倾斜选定的面将向内倾斜面，以负角度倾斜选定的面将向外倾斜面。默认角度为 0，可以垂直于平面拉伸面。如果指定了过大的倾斜角度或拉伸高度，可能会使面在到达指定的拉伸高度之前先倾斜成一点，程序拒绝这种拉伸。面沿着一个基于路径曲线（直线、圆、圆弧、椭圆、椭圆弧、多段线或样条曲线）的路径拉伸。路径不能和选定的面位于同一个平面，也不能有大曲率的区域。

（1）打开上节保存的文件"Ex11-45.dwg"。

（2）单击"常用"选项卡"建模"面板中的 按住并拖动 按钮（或单击"实体"选项卡"实体"面板中的 拉伸 按钮，或选择"修改"→"实体编辑"→"拉伸面"），拾取模型左上侧表面（见图 11-67），给定拉伸高度为 30，按回车键结束命令，结果如图 11-68 所示。

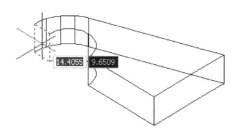
图 11-67 选择拉伸面

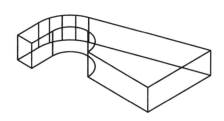
图 11-68 拉伸高度为 30 的效果

2. 移动实体面

将移动选定面，但不更改其方向。在三维实体中，可以轻松地将孔从一个位置移到另一个位置。可以使用"捕捉"模式、坐标和对象捕捉以精确地移动选定的面。

单击实体编辑工具栏中的 按钮，拾取模型前侧面，如图 11-69 所示。给定基点后，沿 Y 轴移动光标（见图 11-70），给定距离为 30，按回车键结束命令，结果如图 11-71 所示。

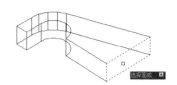
图 11-69 选择移动面

图 11-70 指定基点和移动方向

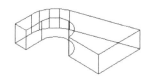
图 11-71 移动距离为 30 的效果

3. 偏移实体面

在三维实体上，可以按指定的距离均匀地偏移面。通过将现有面从原位置向内或向外偏移指定的距离来创建新的面（沿面的法线偏移，或向曲面或面的正边偏移）。

单击实体编辑工具栏中的 按钮，拾取模型上表面，如图 11-72 所示。给定基点和偏移方向后如图 11-73 所示，给定偏移距离为 30，按回车键结束命令，结果如图 11-74 所示。

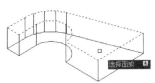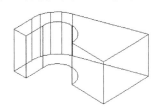

图 11-72　选择偏移面　　　　图 11-73　指定基点和偏移方向　　　图 11-74　偏移距离为 30 的效果

4．旋转实体面

通过选择基点和相对（或绝对）旋转角度，可以旋转实体上选定的面或特征集合，如孔。所有三维面都绕指定轴旋转。当前 UCS 和 ANGDIR 系统变量设置确定旋转的方向。可以根据两点指定旋转轴的方向、指定对象、X、Y 或 Z 轴或者当前视图的 Z 方向。

单击实体编辑工具栏中的 按钮，拾取模型前侧面，如图 11-75 所示。给定基点，指定沿倾斜轴的另一个点，如图 11-76 所示，给定倾角为 30°，按回车键结束命令，结果如图 11-77 所示。

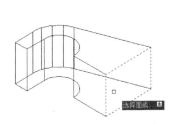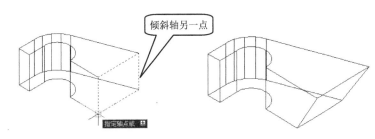

图 11-75　选择旋转面　　　图 11-76　指定基点和沿倾斜轴的另一点 1　　　图 11-77　旋转 30°的效果 1

5．倾斜实体面

可以沿矢量方向扫掠斜角倾斜面。以正角度倾斜选定的面将向内倾斜面，以负角度倾斜选定的面将向外倾斜面。避免使用太大的倾斜角度。如果角度过大，轮廓在到达指定的高度之前，可能会倾斜成一点，程序拒绝这种倾斜。

单击"实体编辑"工具栏中的 按钮，拾取模型前侧面，如图 11-78 所示。给定基点，指定沿倾斜轴的另一个点，如图 11-79 所示，给定倾角为 30°，按回车键结束命令，结果如图 11-80 所示。

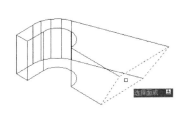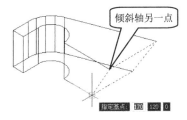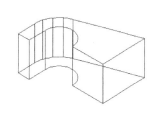

图 11-78　选择倾斜面　　　图 11-79　指定沿倾斜轴的另一点 2　　　图 11-80　倾斜 30°的效果 2

6. 压印边（Imprint）

使用 Imprint 命令，可以通过压印圆弧、圆、直线、二维和三维多段线、椭圆、样条曲线、面域、体和三维实体来创建三维实体上的新面，可以删除原始压印对象，也可以保留下来供将来编辑使用。压印对象必须与选定实体上的面相交，这样才能压印成功。

（1）在实体左上角绘制一个半径为 12 的圆，如图 11-81 所示。

（2）压印边。单击 按钮（或选择"修改"→"实体编辑"→"压印边"），命令行提示为：

```
命令：_imprint
选择三维实体或曲面：拾取实体
选择要压印的对象：拾取圆
是否删除源对象 [是(Y)/否(N)] <N>：Y↙
选择要压印的对象：↙    （结果见图 11-82）
```

（3）用"拉伸面"命令 拉伸压印边的面，拉伸高度为 30，拉伸效果如图 11-83 所示。

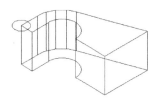
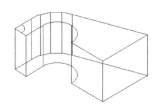
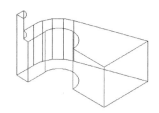

图 11-81 画一半径为 12 的圆　　　图 11-82 压印结果　　　图 11-83 拉伸压印的面（高度为 30）

7. 抽壳（Shell）

可以从三维实体对象中以指定的厚度创建壳体或中空的腔体。AutoCAD 通过将现有的面向原位置的内部或外部偏移来创建新的面。偏移时，AutoCAD 将连续相切的面看作单一的面。

单击 按钮（或选择"修改"→"实体编辑"→"抽壳"），命令提示为：

```
命令：_solidedit
实体编辑自动检查：SOLIDCHECK=1
输入实体编辑选项 [面(F)/边(E)/体(B)/放弃(U)/退出(X)] <退出>：_body
输入体编辑选项
[压印(I)/分割实体(P)/抽壳(S)/清除(L)/检查(C)/放弃(U)/退出(X)] <退出>：_shell
选择三维实体：拾取实体
选择三维实体：↙
删除面或 [放弃(U)/添加(A)/全部(ALL)]：拾取前侧面　（见图 11-84）
删除面或 [放弃(U)/添加(A)/全部(ALL)]：↙
输入抽壳偏移距离：2↙
已开始实体校验
已完成实体校验
输入体编辑选项
```

[压印(I)/分割实体(P)/抽壳(S)/清除(L)/检查(C)/放弃(U)/退出(X)]<退出>:↵

实体编辑自动检查: SOLIDCHECK=1

输入实体编辑选项 [面(F)/边(E)/体(B)/放弃(U)/退出(X)]<退出>:↵（结果见图11-85）

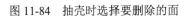
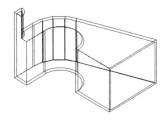

图11-84 抽壳时选择要删除的面　　　　图11-85 抽壳后的效果（厚度2）

8．对实体模型进行三维镜像

选择菜单"修改"→"三维操作"→"三维镜像"（或输入Mirror3d），命令提示为：

命令: _mirror3d

选择对象: ***拾取实体***

选择对象:↵

指定镜像平面（三点）的第一个点或

[对象(O)/最近的(L)/Z轴(Z)/视图(V)/XY平面(XY)/YZ平面(YZ)/ZX

平面(ZX)/三点(3)]<三点>: ***拾取左下角点1***（见图11-86）

在镜像平面上指定第二点: ***拾取左下角点2***

在镜像平面上指定第三点: ***拾取左角点3***

是否删除源对象？[是(Y)/否(N)]<否>: ↵（结果见图11-87）

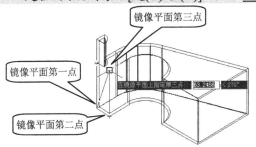
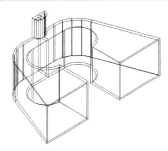

图11-86 选择镜像平面点　　　　图11-87 三维镜像后的效果

9．对实体模型三维旋转

选择"修改"→"三维操作"→"三维旋转"（或输入Rotate3d），命令提示为：

命令: _3drotate

UCS当前的正角方向: ANGDIR=逆时针　ANGBASE=0

选择对象: ***拾取左实体***

选择对象: ***拾取右实体***

选择对象:↵

指定基点: ***拾取左下角点***（见图11-88）

拾取旋转轴：***拾取 X 轴***（见图 11-89）

指定角的起点或输入角度：***90↙***（结果见图 11-90）

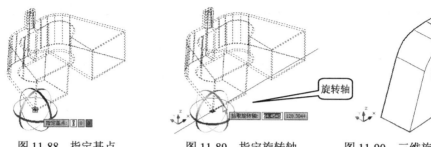

图 11-88 指定基点　　　　图 11-89 指定旋转轴　　　　图 11-90 三维旋转消隐后的效果

11.4 从三维模型创建图形

AutoCAD 2018 提供了从 AutoCAD 和 Autodesk Inventor 三维模型在布局中创建关联图形的功能，也提供了输入从 IGES、STEP、PTC Creo、Rhino、CATIA（V4 V5）、SolidWorks、JT、UGS NX 和 Parasolid 三维模型创建基础视图、正交视图和等轴测投影视图的功能。

11.4.1 从三维模型创建关联图形

用 AutoCAD 2018 创建三维实体非常方便，再由三维实体直接生成正交视图和轴测图，可节省大量时间。下面通过一个简单的例子，介绍用 AutoCAD 的三维模型生成三视图和轴测图的方法。

（1）创建如图 11-91 所示的三维实体并以二维线框模式显示（用 Box、Cylinder、Subtract、Chamfer 命令或用 Pline 命令画出轮廓后拉伸等方法生成）。

（2）单击"布局 1"（Layout1）选项卡，进入图纸空间，如图 11-92 所示。

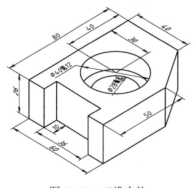
图 11-91 三维实体

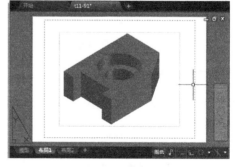
图 11-92 图纸空间

（3）用 Erase 命令删除图纸空间的视口，结果如图 11-93 所示。

（4）用 Viewbase 命令从模型空间的实体和曲面创建基础视图。

第11章 创建三维模型

输入 **ViewBase↵**，命令行提示为：

```
命令: VIEWBASE
指定模型源 [模型空间(M)/文件(F)] <模型空间>:↵（选定模型空间）
类型 = 基础和投影    隐藏线 = 可见线和隐藏线(I)    比例 = 1:1
指定基础视图的位置或 [类型(T)/选择(E)/方向(O)/隐藏线(H)/比例(S)/可见性(V)] <类型>:
在视图区左上角单击（确定前视图，见图11-94）
选择选项 [选择(E)/方向(O)/隐藏线(H)/比例(S)/可见性(V)/移动(M)/退出(X)] <退出>:↵
指定投影视图的位置或 <退出>:在基础视图下方单击（确定俯视图，见图11-95）
指定投影视图的位置或 [放弃(U)/退出(X)] <退出>:在基础视图左方单击（见图11-96）
指定投影视图的位置或 [放弃(U)/退出(X)] <退出>:在基础视图左下方单击（见图11-97）
指定投影视图的位置或 [放弃(U)/退出(X)] <退出>:↵
```

成功创建基础视图和3个投影视图，结果如图11-98所示。

图11-93　删除系统默认的视口

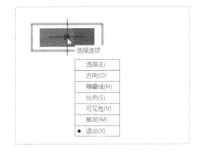

图11-94　指定基础视图的位置

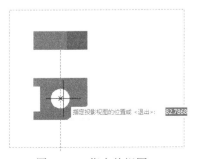

图11-95　指定俯视图

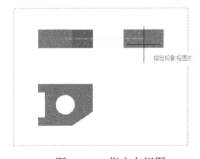

图11-96　指定左视图

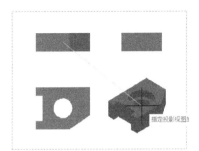

图11-97　指定轴测图

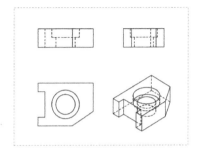

图11-98　生成的工程图

Viewbase命令和基础视图说明：Viewbase命令仅在"布局"选项卡中使用，如果"布局"选项卡包含视口，需要删除它，然后再调用该命令。

221

放置在图形上的第一个视图称为基础视图。基础视图是直接来自三维模型的工程视图。一旦基础视图放置在布局中，就可以从该视图生成投影视图。与基础视图不同，投影视图并不直接源自三维模型。相反，它们源自基础视图（或在布局中已经存在的另一个投影视图）。投影视图与其源视图保持父子关系。子视图的大多数设置都源自父视图。

基础视图中包含模型空间中所有可见的实体和曲面。它不会包含任何冻结或关闭的图层上存在的实体或曲面。同样，如果实体或曲面是独立的，则只有独立的实体或曲面包含在视图中。如果冻结的图层解冻、关闭的图层打开或隔离结束，则基础视图不会自动更新，必须明确使用"更新视图"（Viewupdate）命令来引入所做的更改。

如果需要，可以在布局中创建多个基础视图。该功能可以在相同的图形中创建多个零件或部件的视图。

一旦创建了视图，就可以在需要时添加注释、标注、符号、中心线和其他标注，如图 11-99 所示。

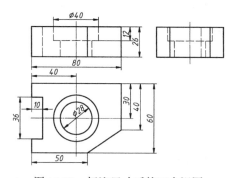

图 11-99　标注尺寸后的三个视图

11.4.2　用非 Autodesk 三维模型创建工程图

创建非 Autodesk 三维模型的工程视图包含两个过程：首先将非 Autodesk 模型输入模型空间中，然后为模型空间实体和曲面创建工程视图。

输入非 Autodesk 三维模型的步骤如下。

（1）依次单击"插入"选项卡→"输入"面板→"输入" 按钮。

（2）在"输入文件"对话框的"文件类型"框中，选择对应要输入的三维模型文件的文件类型。

（3）查找并选择要输入的文件，或者在"文件名"处输入文件的名称。

（4）单击"打开"。作为后台过程执行输入，系统弹出的消息框如图 11-100 所示。命令完成时在右下角显示通知气泡，如图 11-101 所示（注：这是输入的一个 SolidWorks 模型）。

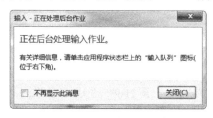

图 11-100　消息框

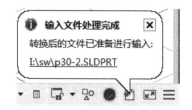

图 11-101　通知气泡

（5）单击通知气泡中的文件名，输入的文件被插入当前图形中。

提示：如果不小心关闭了通知气泡，则可在状态栏上的输入图标上单击鼠标右键，然后单击"插入"，输入的文件被插入当前图形中。

（6）单击"确定"按钮。

从输入的非 Autodesk 三维模型创建基础视图的步骤与用 AutoCAD 的三维模型创建基础视图的步骤相同，步骤如下（实例可参见 11.4.1）。

（1）在绘图区域的左下方单击与要在其中创建基础视图的布局相对应的选项卡。

提示：如果布局包含视口，先删除它，然后再继续。

（2）依次单击"常用"选项卡→"视图"面板→"基础"下拉菜单→"从模型空间"（或键入 Viewbase 命令）。

将选定整个模型空间且在光标处显示基础视图的预览。要仅为选定的对象创建基础视图：

  a. 依次单击"工程视图创建"选项卡→"选择"面板→"模型空间选择"。

  b. 按住 Shift 键并单击不希望包含在基础视图中的对象。

  提示：如果意外删除了某个对象，单击该对象，为基础视图选定该对象。

  c. 按 Enter 键返回该布局。

（3）在"工程视图创建"上下文功能区选项卡的"方向"面板中，选择基础视图的方向。

（4）在"外观"面板中指定比例和视图样式。

（5）在绘图区域中单击以指示要放置基础视图的位置，然后按 Enter 键。投影视图的预览将显示在光标上。

注：按 Enter 键之前，可以使用功能区来更改基础视图的特性。

（6）将预览移动到所需的位置，然后单击。重复步骤，直到创建所需的所有投影视图。

注：在移动预览时，投影视图的方向会随之变化，以反映它与基础视图之间的关系。

（7）依次单击"工程视图创建"选项卡→"创建"面板→"确定"。

对创建的视图可以创建投影、截面、局部放大等。用 SolidWorks 的.SLDPRT 模型创建的工程图如图 11-102 所示。

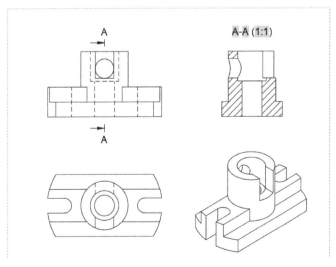

图 11-102 用 SolidWorks 的.SLDPRT 模型创建的工程图

11.4.3 创建三维模型的展平视图

使用 Flatshot 平面摄影命令，可以在当前视图中创建所有三维实体和面域的展平视图。所生成的视图是一个块，该块是三维模型的展平表示并投影到 XY 平面上。该过程类似于用相机拍摄整个三维模型的"快照"，然后平铺照片。由于展平视图由二维几何图形组成，因此插入该块后，可以对其进行修改。该功能在创建技术图解时特别有用。

使用 Flatshot 之前，可以设置任何特定视图。可以在正交视图或平行视图中设置图形。

创建三维模型展平二维视图的步骤如下：

（1）设置三维模型的视图。

（2）在命令提示下，输入 Flatshot 或依次单击"常用"选项卡→"截面"面板→"平面摄影" 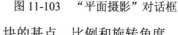按钮。

（3）在"平面摄影"对话框（见图 11-103）的"目标"下，选择其中一个选项。

（4）更改"前景线"和"暗显直线"的颜色和线型设置。

（5）单击"创建"按钮。

图 11-103　"平面摄影"对话框

（6）在屏幕上指定要放置块的插入点。也可以调整插入块的基点、比例和旋转角度。

创建由投影到当前 UCS 的 XY 平面上的二维几何图形组成的块。图 11-104 所示图形是图 11-91 所示三维实体的不同位置的平面摄影。

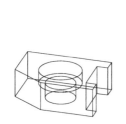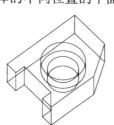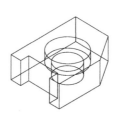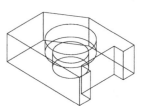

图 11-104　三维实体的不同平面摄影

11.4.4 创建横截面

1．截面对象概述

横截面常用于显示三维对象的内部细节。用 AutoCAD 2018 创建可以修改和移动以获取所需横截面视图的截面平面。使用 Sectionplane 命令可以创建一个或多个截面对象，并将其放置在三维模型（三维实体、曲面或网格）中。通过激活活动截面，可以在三维模型中移动截面对象时查看三维模型中的瞬时剪切，三维模型本身不发生改变。

（1）通过截面平面指示器设定横截面。

截面对象具有一个用作剪切平面的透明截面平面指示器。可以在由三维实体、曲面或面域组成的三维模型中移动此平面，以获得不同的截面视图，如图 11-105 所示。

（2）在截面线中存储特性。

截面平面包含用于存储截面对象特性的截面线。可以创建多个截面对象以存储各种特性。例如，一个截面对象可以在截面平面相交处显示一种填充图案，另一个截面对象可以显示相交区域边界的特定线型。

（3）通过活动截面分析模型。

使用活动截面可以通过移动和调整截面平面来动态分析三维对象的内部细节。可以指定隐藏还是切除位于截面平面指示器一侧的模型部分，如图 11-106 所示。

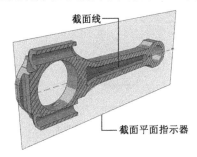

图 11-105 截面线及截面平面指示器

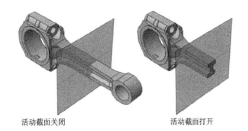

图 11-106 活动截面的关闭及打开

（4）保存和共享截面图像。

创建剖视图后，可以从三维模型生成精确的二维块或三维块。可以分析或检查这些块以获得间隙和干涉条件。还可以对生成的块进行标注，或在文档和演示图形中将其用作线框或渲染插图。

还可以将每个截面对象另存为"工具"选项板上的工具。通过此操作，可以避免在每次创建截面对象时重置特性。

2. 创建截面对象

通过 Sectionplane 命令，可以创建截面对象作为穿过实体、曲面、网格或面域的剪切平面，然后打开活动截面，在三维模型中移动截面对象，以实时显示其内部细节。

可以通过多种方法对齐截面对象。

（1）将截面平面与三维对象的面对齐。

设定截面平面的一种方法是单击现有三维对象的面（移动光标时，会出现一个点轮廓，表示要选择的平面的边）。截面平面自动与所选面的平面对齐，如图 11-107 所示。

（2）创建直剪切平面。

拾取两个点以创建直剪切平面，如图 11-108 所示。

图 11-107 与面对齐的截面对象

图 11-108 创建直剪切平面

(3)添加折弯段。

截面可以是直线,也可以包含多个截面或折弯截面。例如,包含折弯的截面是从圆柱体切除扇形楔体形成的。

可以通过使用 Sectionplane 的"绘制截面"选项在三维模型中拾取多个点来创建包含折弯线段的截面线,如图 11-109 所示。

(4)创建正交截面。

可以将截面对象与当前 UCS 的指定正交方向对齐(如前视、后视、仰视、俯视、左视或右视),如图 11-110 所示。

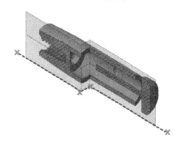

 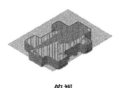
前视　　　　　　俯视　　　　　右视

图 11-109　带有折弯线段的截面对象　　　　图 11-110　创建正交截面

将正交截面平面放置于通过图形中所有三维对象三维范围的中心位置处。

(5)创建面域以表示横截面。

通过 Section 命令,可以创建二维对象,用于表示穿过三维实体对象的平面横截面,如图 11-111 所示。使用此传统方法创建横截面时无法使用活动截面功能。

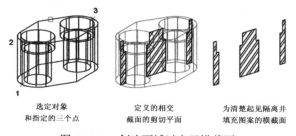

选定对象　　　　定义的相交　　　为清楚起见隔离并
和指定的三个点　截面的剪切平面　填充图案的横截面

图 11-111　创建面域以表示横截面

使用以下方法之一定义横截面的面。

① 指定三个点。
② 指定一个二维对象,如圆、椭圆、圆弧、样条曲线或多段线。
③ 指定一个视图。
④ 指定 Z 轴。
⑤ 指定 XY、YZ 或 ZX 平面。
⑥ 表示横截平面的新面域置于当前图层上。

3.创建截面举例

创建如图 11-91 所示三维模型的横截面。

(1)单击"常用"选项卡→"截面"面板→"截面平面"按钮,分别拾取$\phi 28$、$\phi 40$ 的圆心(见图 11-112),创建出截面,如图 11-113 所示。

(2)单击创建的截面平面,出现剖切控标,单击剖切方向(见图 11-114),改变剖切方向,使其沿 Y 轴正向。

 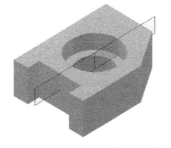 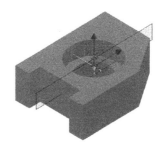

图 11-112　拾取圆心定截面位置　　图 11-113　创建的截面平面　　图 11-114　拾取截面修改方向

(3)截面平面仍处于选中状态,单击"常用"选项卡→"截面"面板→"生成截面"按钮,在弹出的"生成截面/立面"对话框中,选中"三维截面"(见图 11-115)后,单击"创建"按钮。命令行提示及操作如下:

```
命令:_SECTIONPLANETOBLOCK
选择截面对象:
单位:毫米　转换:　1.0000
指定插入点或 [基点(B)/比例(S)/X/Y/Z/旋转(R)]: 拾取一点
输入 X 比例因子,指定对角点,或 [角点(C)/XYZ(XYZ)] <1>:↙
输入 Y 比例因子或 <使用 X 比例因子>:↙
```

结果如图 11-116 所示。

图 11-115　"生成截面/立面"对话框　　　图 11-116　创建的截面

(4)在三维模型直角处添加一 $\phi 8$ 的圆柱孔,并使其"上视"显示,如图 11-117 所示。

(5)单击"常用"选项卡→"截面"面板→"截面平面"按钮,命令行提示及操作如下:

```
命令:_sectionplane
选择面或任意点以定位截面线或 [绘制截面(D)/正交(O)]: D↙
指定起点: 在点 1 处定点(注意:用对象追踪使点 1 与圆心对齐在一条线上,见图 11-118)
指定下一个点: 在点 2 处定点
指定下一个点或按回车键完成: 在点 3 处定点(注意:用对象追踪使点 3 与小圆心对齐)
指定下一个点或按回车键完成: 在点 4 处定点
指定下一个点或按回车键完成: ↙
```

按截面视图的方向指定点：*在点 4 上方定点*

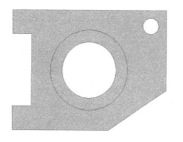

图 11-117　添加一个小圆柱孔后的俯视图

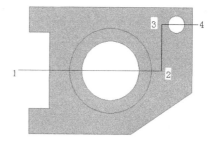

图 11-118　绘制截面

（6）将显示改为轴测显示（参见图 11-119）。

（7）在视图区单击鼠标右键，在弹出的快捷菜单中选择"激活横截面"，结果如图 11-120 所示。

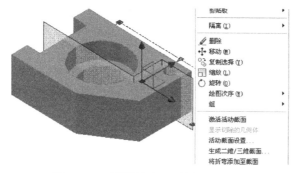

图 11-119　轴测显示及右键菜单

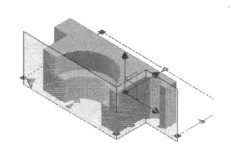

图 11-120　激活横截面

（8）沿坐标轴移动截面平面，可动态观察截面。

其他操作参阅 AutoCAD 提供的帮助文档。

11.5　创建曲面模型

曲面模型是不具有质量或体积的薄壳。AutoCAD 2018 提供了强大的曲面造型功能，用它可以创建程序曲面和 NURBS 曲面。程序曲面可以是关联曲面，即保持与其他对象间的关系，以便可以将它们作为一个组进行处理。NURBS 曲面不是关联曲面，此类曲面具有控制点，使用户以一种更自然的方式对其进行造型。

AutoCAD 2018 在三维建模工作空间提供的"曲面"选项卡如图 11-121 所示。

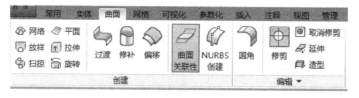

图 11-121　"曲面"选项卡

图 11-121 "曲面"选项卡（续）

11.5.1 曲面创建方法

可以使用下列方法创建程序曲面和 NURBS 曲面（见图 11-122）。

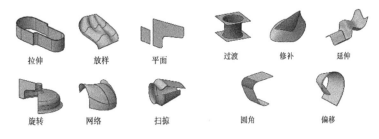

图 11-122 创建曲面的方法

（1）基于轮廓创建曲面。使用拉伸 Extrude、放样 Loft、平面 Planesurf、旋转 Revolve、网格 Surfnetwork 和扫掠 Sweep，基于由直线和曲线组成的轮廓形状来创建曲面。

（2）基于其他曲面创建曲面。对曲面进行过渡、修补、延伸、圆角和偏移操作，以创建新曲面。

（3）将对象转换为程序曲面。将现有实体（包括复合对象）、曲面和网格转换为程序曲面（Convtosurface 命令）。

（4）将程序曲面转换为 NURBS 曲面。无法将某些对象（如网格对象）直接转换为 NURBS 曲面。在这种情况下，可将对象先转换为程序曲面，然后再将其转换为 NURBS 曲面。

11.5.2 曲面创建举例

例 1 创建一旋转曲面（见图 11-123）。

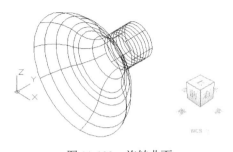

图 11-123 旋转曲面

步骤如下：

（1）用 Pline 多段线命令绘制旋转轮廓，如图 11-124（a）所示。

(2) 单击"曲线"选项卡→"创建"面板→旋转按钮,命令行的提示及操作如下:

```
命令:_revolve
当前线框密度: ISOLINES=4,闭合轮廓创建模式 = 曲面
选择要旋转的对象或 [模式(MO)]: _mo 闭合轮廓创建模式 [实体(SO)/曲面(SU)] <实体>: _su
选择要旋转的对象或 [模式(MO)]: 拾取旋转轮廓 找到 1 个
选择要旋转的对象或 [模式(MO)]: ↵
指定轴起点或根据以下选项之一定义轴 [对象(O)/X/Y/Z] <对象>: 追踪并给定距离 25↵
（见图 11-124（b））
指定轴端点: 竖直下移光标定点
指定旋转角度或 [起点角度(ST)/反转(R)/表达式(EX)] <360>:↵ （结果见图 11-124（c））
```

(3) 光标移至 ViewCube 工具,单击其图标的右下角(见图 11-124(d)),显示结果如图 11-125 所示。

(4) 单击"曲线"选项卡→"创建"面板→"修补"按钮,拾取大圆边(见图 11-125(a)),按两次回车键,结果在大圆边处创建一闭合面,如图 11-125(b) 所示。

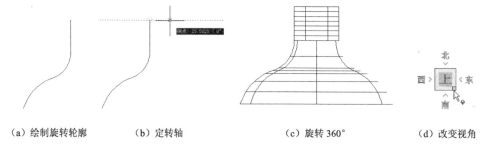

(a) 绘制旋转轮廓　　(b) 定转轴　　(c) 旋转 360°　　(d) 改变视角

图 11-124　创建旋转曲面的步骤

(5) 改变图层颜色及视觉样式(见图 11-125),按住 Shift 键不放,再按下鼠标中键滚轮拖动,观察创建的曲面。

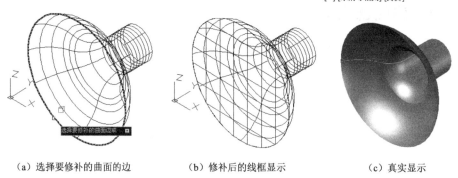

(a) 选择要修补的曲面的边　　(b) 修补后的线框显示　　(c) 真实显示

图 11-125　修补曲面及改变视觉样式

提示：模型、曲面的显示精度在"选项"对话框中,如图 11-126 所示。在绘图区按鼠标右键,在弹出的菜单中选择"选项"可开启此对话框。

第11章 创建三维模型

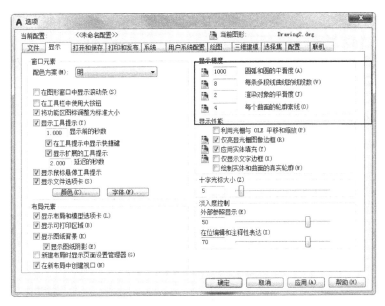

图 11-126 修补曲面及改变视觉样式

例 2 创建一放样曲面（见图 11-127）。

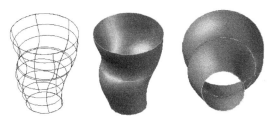

图 11-127 带导线的放样曲面

开始一幅新图后，步骤如下：

（1）用 Circle 画圆命令在默认"俯视"视口上绘制三个圆，如图 11-128（a）所示。

（2）单击绘图区左上角"视口控件"中的"俯视"，将其改为"东南等轴测"显示，用 Move 移动命令将其中两个圆沿 Z 轴上移，如图 11-128（b）所示。

（3）将视口改为"前视"，如图 11-128（c）所示。

（4）输入 **UCS↵** 命令，输入 **V↵**（视图选项，将 UCS 的 XY 平面与垂直于观察方向的平面对齐），如图 11-128（d）所示。

（5）用 Pline 命令绘制出放样引导线，如图 11-128（d）所示。

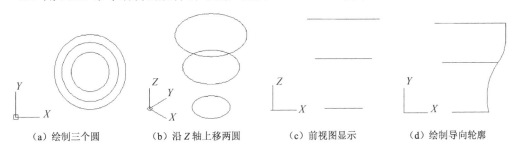

（a）绘制三个圆　　（b）沿 Z 轴上移两圆　　（c）前视图显示　　（d）绘制导向轮廓

图 11-128 绘制放样截面和导向轮廓

(6) 输入 **UCS**↙命令，↙（将坐标系恢复到世界坐标系），将视口变为"西南等轴测"显示，如图 11-129（a）所示。

(7) 单击"曲线"选项卡→"创建"面板→"放样"按钮，依次拾取作为放样横截面的圆［见图 11-129（b）］后，按回车键，选择导向轮廓［见图 11-129（c）］，按回车键，完成放样曲面创建。

(8) 更改视角样式和观察方向，查看效果。

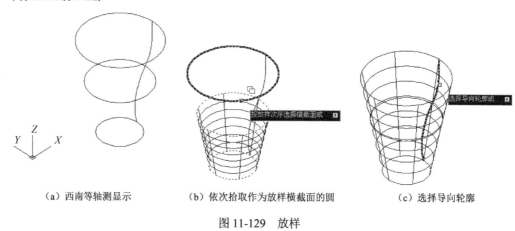

（a）西南等轴测显示　　（b）依次拾取作为放样横截面的圆　　（c）选择导向轮廓

图 11-129　放样

11.6　创建网格模型

由使用多边形（包括三角形和四边形）定义三维形状的顶点、边和面组成网格模型。与实体模型不同，网格没有质量特性。但是，与三维实体一样，用户可以创建如长方体、圆锥体和棱锥体等图元网格形式。可以通过不适用于三维实体或曲面的方法来修改网格模型。例如，可以应用锐化、分割及增加平滑度。可以拖动网格子对象（面、边和顶点）使对象变形，如图 11-130 所示。要获得更细致的效果，可以在修改网格之前优化特定区域的网格。

使用网格模型可提供隐藏、着色和渲染实体模型的功能，而无须使用质量和惯性矩等物理特性。

AutoCAD 2018 在三维建模工作空间提供的"网格"选项卡如图 11-131 所示。

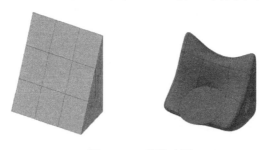

图 11-130　网格变形

图 11-131 "网格"选项卡

11.6.1 网格模型创建方法

可以使用以下方法创建网格对象：

（1）创建网格图元。创建标准形状，例如，长方体、圆锥体、圆柱体、棱锥体、球体、楔体和圆环体（MESH）。

（2）从其他对象创建网格。创建直纹网格对象、平移网格对象、旋转网格对象或边界定义的网格对象，这些对象的边界通过其他对象或点（RULESURF、TABSURF、REVSURF 或 EDGESURF）插入。

（3）从其他对象类型进行转换。将现有实体或曲面模型（包括复合模型）转换为网格对象（MESHSMOOTH），也可以将网格的传统样式转换为新网格对象类型。

（4）创建自定义网格(传统项)。使用 3DMESH 命令可创建多边形网格，通常通过 AutoLISP 程序编写脚本，以创建开放网格。使用 PFACE 命令可创建具有多个顶点的网格，这些顶点是由指定的坐标定义的。尽管可以继续创建传统多边形网格和多面网格，但是建议用户将其转换为增强的网格对象类型，以保留增强的编辑功能。

11.6.2 网格模型创建举例

例 1 用 Revsurf 命令创建一旋转网格。

（1）开始一幅新图，用 Pline 命令画旋转对象和轴线，如图 11-132 所示。

（2）用 Revsurf 旋转曲面命令创建旋转面。

单击"网格"选项卡"图元"面板中的"旋转曲面"按钮，命令行提示及操作为：

```
命令: _revsurf
当前线框密度: SURFTAB1=6   SURFTAB2=6
选择要旋转的对象: 拾取曲线（作母线，是用来旋转的，它必须是一个单独的对象，使用
PL 命令绘制。）
选择定义旋转轴的对象: 拾取直线作轴线（它是用来作转轴的，它可以是直线或二、
   三维多段线）
指定起点角度 <0>:↙
指定包含角 (+=逆时针，-=顺时针) <360>:↙   （结果见图 11-133）
```

（3）将视口设置成为"西南等轴测"视图，屏幕显示如图 11-134 所示。

可以看出，生成的回转网格是六角形的，不是光滑的。要使回转网格光滑，需改变系统变量 Surftab1 的值。

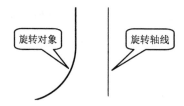
图 11-132　画旋转对象和轴线

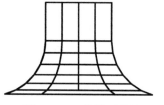
图 11-133　旋转后的效果

注意：由 REVSURF、TABSURF、EDGESURF、RULESURF 命令生成的曲面是三维多段面网格，其密度由系统变量 SURFTAB1 和 SURFTAB2 决定，这两个系统变量的默认值都是 6。SURFTAB1 决定了沿着旋转方向产生的分段数；SURFTAB2 决定了沿着路径曲线方向产生的分段数。如果用来生产曲面的曲线是非样条拟合的多段线，则每一直线段将产生一个栅格段，而每个圆弧将产生 SURFTAB2 个栅格段。任何其他类型的曲线将产生 SURFTAB2 个网格段，如图 11-134 所示。用 SETVAR 命令（下拉菜单："工具→查询→设置变量"）可以重新设置系统变量 SURFTAB1 和 SURFTAB2。

（4）设置系统变量 SURFTAB1 的值。

> 命令: setvar↵
> 输入变量名或 [?]:***surftab1***↵
> 输入 SURFTAB1 的新值 <6>: ___***32***↵

（5）用 Move 命令将旋转网格移动到新位置，如图 11-135 所示。

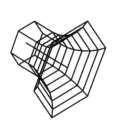
图 11-134　西南等轴测视图

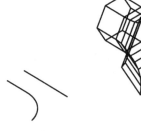
图 11-135　移动后的图形

从屏幕的显示中可以看出，原定义的路径和转轴对象在执行 Revsurf 命令后仍然存在，没有加入所产生的旋转网格中。为了便于区别，最好将定义的路径和转轴对象与产生的旋转网格放在不同的层。

（6）参照步骤（2）再次用 Revsurf 命令产生旋转网格，结果如图 11-136 所示。

（7）用 Convtosurface 命令将 SURFTAB1=6 的网格转换为曲面。

单击"网格"选项卡→"转换"网格面板→ 转换为曲面 按钮，拾取 SURFTAB1=6 的网格，按回车键，结果如图 1-137 所示。

（8）用 thicken 命令将曲面以指定的厚度转换为三维实体。

单击"常用"选项卡→"实体编辑"面板→"加厚" 按钮，拾取曲面，给定厚度，结果如图 1-138 所示。

例 2　用 Rulesurf 命令在两条曲线之间创建直纹曲面。

（1）画出路径曲线 1 和路径曲线 2，如图 11-139 所示（提示：在同一平面上绘制后，用 Move 命令沿 Z 轴向上平移一个距离，用 Rotate 命令旋转矩形，使其起始点与圆对齐）。

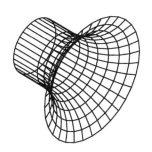  

图 11-136 改变 SURFTAB1 值后的效果　　图 11-137 转换为曲面　　图 11-138 加厚转换为实体

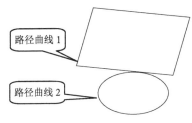 

图 11-139 直纹曲面

（2）单击"网格"选项卡→"图元"面板→"直纹曲面"按钮，命令提示及操作为：

> 命令：_rulesurf
> 当前线框密度：SURFTAB1=32
> 选择第一条定义曲线：*拾取路径曲线1*
> 选择第二条定义曲线：*拾取路径曲线2*

例 3　用 Edgesurf 边界曲面命令创建边界曲面。

Edge Surface（边界曲面）是孔斯曲面片，它是由四个边界对象构造出来的。边界对象（可以是圆弧、直线、多段线、样条曲线和椭圆弧）必须形成闭合的环，并且有公共的端点。

画出边界对象 1、2、3 和 4，如图 11-140 所示（用 Pline、Arc 命令，在俯视图中绘制出平面边界图，然后在轴测图中用 Rotate3d 三维旋转命令将边界对象 2、4 绕它们的端点旋转 90°；若圆弧不好转时，用 UCS 命令重新定义 Z 轴，用 Rotate 命令）。

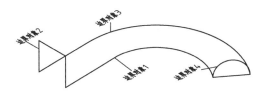 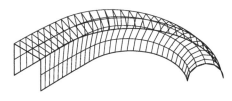

图 11-140 边界曲面

单击"网格"选项卡→"图元"面板→"边界曲面"按钮，命令提示及操作为：

> 命令：_edgesurf
> 当前线框密度：SURFTAB1=32　 SURFTAB2=6
> 选择用作曲面边界的对象 1：*拾取边界对象1*
> 选择用做曲面边界的对象 2：*拾取边界对象2*
> 选择用做曲面边界的对象 3：*拾取边界对象3*
> 选择用做曲面边界的对象 4：*拾取边界对象4*

习　　题

11-1．创建圆柱、圆锥、圆球、圆环、棱柱、棱锥等基本几何体。

11-2．创建下列拉伸体。

（a）提示：创建一个圆和一条多段线

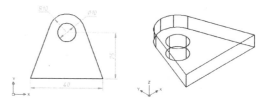
（b）提示：用面域 Region 命令将创建的平面图形生成面域

图 11-141　题 11-2 图

11-3．创建下列旋转对象。

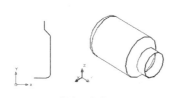
（a）创建一个曲面

（b）创建一个回转体

图 11-142　题 11-3 图

11-4．创建下列扫掠对象。

图 11-143　题 11-4 图

11-5．创建下列放样对象。

（a）创建沿路径放样的实体

（b）创建以导向曲线放样的实体

图 11-144　题 11-5 图

11-6．上机逐个练习 AutoCAD 提供的三维操作命令，掌握其用法。

11-7. 用三维镜像、旋转和剖切创建下列对象。

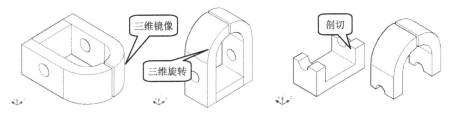

图 11-145　题 11-7 图

11-8. 创建下面的三维对象，并对其进行三维阵列。

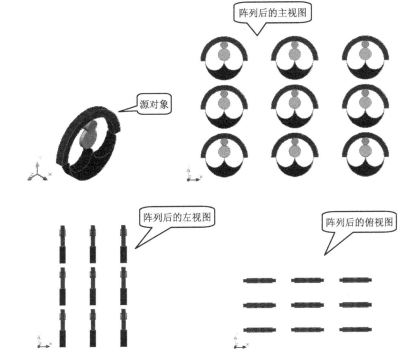

图 11-146　题 11-8 图

11-9. 创建下列立体模型。

（1）

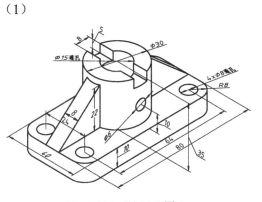

图 11-147　题 11-9 图 1

提示：

① 三维建模时，先创建大形体的主体轮廓，后考虑细节。如创建图中底板时，先创建长方体，后创建圆角。

② 参与差集运算的实体，创建时可以将某一方向的尺寸作大，以便差集运算或建模，如肋板。

③ 注意 UCS 的使用。

（2）

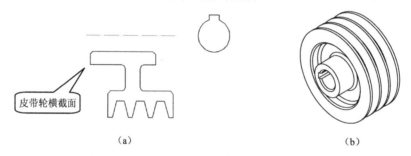

图 11-148 题 11-9 图 2

（3）绘制皮带轮三维模型的提示：用第 3 章绘制的二维图，删除多余对象，仅余下左下图所示内容，用 Region 面域命令，将两轮廓创建成面域；用 Revolve 命令旋转皮带轮横截面；用 Extrude 命令，拉伸键槽（可将它拉伸长一些，如 100，便于布尔运算），然后用三维旋转 Rotate3d 命令，将拉伸的键槽绕 Y 轴旋转 90°，用 Move 移动命令，移到与带轮相交（注意切换视图显示），用 Subtract 差集命令创建出键槽。

图 11-149 题 11-9 图 3

11-10．创建下面的三维实体和二维工程图。

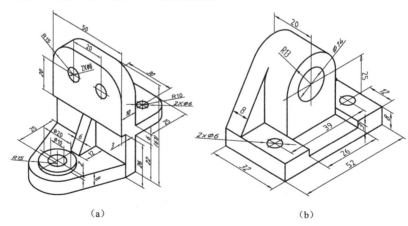

图 11-150 题 11-10 图

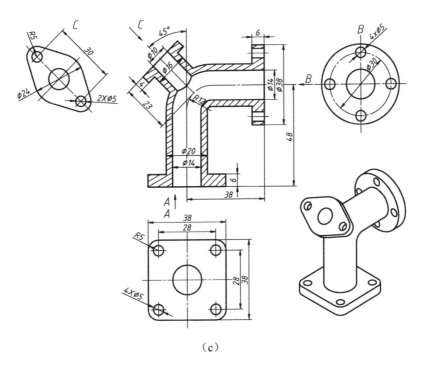

（c）

图 11-150 题 11-10 图（续）

11-11. 上机练习曲面、网格各项命令，了解其功能。

附录 综合练习题

1. 绘制平面图形。

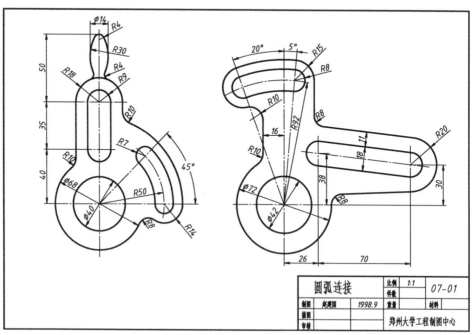

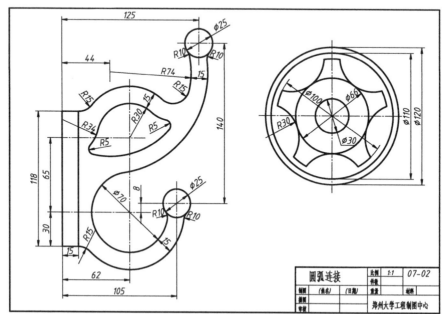

2. 绘制下列立体的实体图和三视图并标注尺寸。

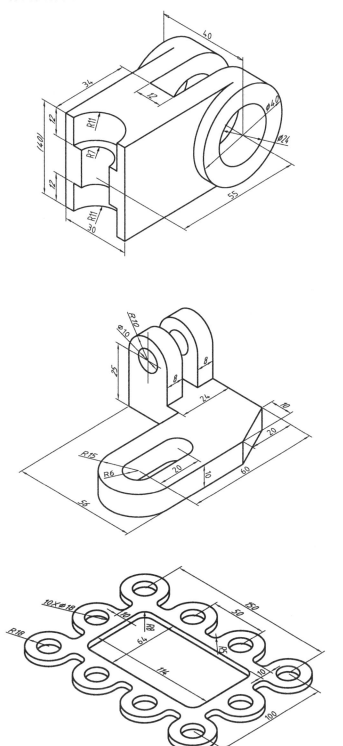

3. 绘制零件图。

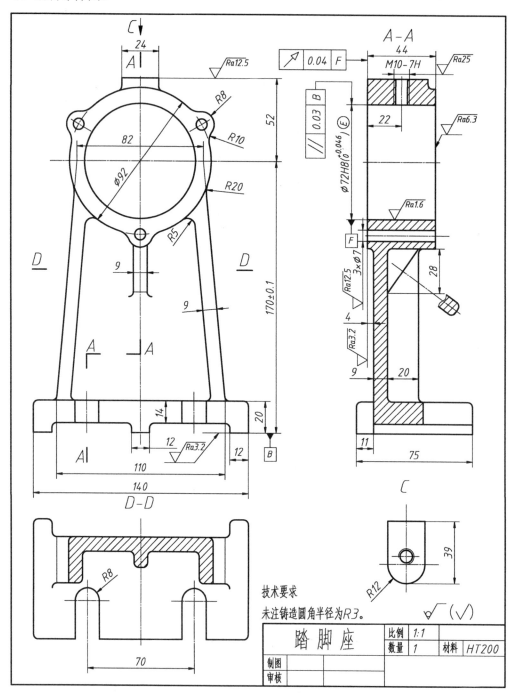

反侵权盗版声明

　　电子工业出版社依法对本作品享有专有出版权。任何未经权利人书面许可，复制、销售或通过信息网络传播本作品的行为；歪曲、篡改、剽窃本作品的行为，均违反《中华人民共和国著作权法》，其行为人应承担相应的民事责任和行政责任，构成犯罪的，将被依法追究刑事责任。

　　为了维护市场秩序，保护权利人的合法权益，我社将依法查处和打击侵权盗版的单位和个人。欢迎社会各界人士积极举报侵权盗版行为，本社将奖励举报有功人员，并保证举报人的信息不被泄露。

举报电话：（010）88254396；（010）88258888
传　　真：（010）88254397
E-mail：　dbqq@phei.com.cn
通信地址：北京市万寿路 173 信箱
　　　　　电子工业出版社总编办公室
邮　　编：100036